静压桩沉贯效应及承载性能研究与工程实践

白晓宇　张亚妹　张明义　王永洪　闫　楠　著

U0177848

中国建筑工业出版社

前　言

　　静压桩具有低噪声、无振动、无污染、工效高，能够显示压桩力等优点，在土木工程领域得到了广泛应用。静压桩的研究有助于揭示桩土作用机理和承载力的变化规律，因此备受关注。静压桩研究主要集中在两个方面：第一是沉桩阶段，包括贯入机理、沉桩阻力（压桩力）、挤土效应等；第二是沉桩后的承载力，包括桩侧土触变恢复、从最终压力算起的随时间变化的承载力（承载力时效性）等。静力压桩过程是桩—土之间的滑动摩擦，可以从摩擦学的角度进行分析。对应摩擦学理论，有不同摩擦类型的解释和计算方法，有待于展开研究；沉桩过程中桩土之间会产生间隙，桩周土存在超孔隙水压力，扣除孔隙水压力后真实的、有效桩侧压力究竟是多少，鲜有文献报道。对静压桩贯入机理的研究，室内模型试验居多，而且为了操作方便，几乎全部使用砂土，这与实际工程中静压桩多用于黏性土中极不协调。虽然静压桩的研究数量众多，但还有许多机理和细观层面的问题模糊不清，有必要利用新的理论和方法深入研究。

　　本书从工程实际需求出发，首先在黏性土场地上进行安装多种测试传感器的足尺管桩试验，在测试桩身轴力、桩端受力的同时，测试桩土界面的侧压力以及孔隙水压力，从而求得有效桩侧压力。在此基础上：采用摩擦学的粘着—犁沟摩擦理论，结合三段式滑动摩擦模式对沉桩摩擦展开研究；引入贴紧系数考察桩土作用，从一个新角度研究承载力发展变化和确定方法；进行颗粒流仿离心模型数值试验，从宏观和细观上与试验参数及摩擦学结论贯通和印证。研究结果对静压桩沉桩机理、承载力的确定以及数值仿真都有重要意义。书中主要创新内容如下：

　　（1）在黏性土场地进行桩身安装多种类型传感器的足尺桩试验，实测沉桩阶段和后期复压、静载时的桩身轴力、桩土界面的侧压力以及孔隙水压力，其中桩侧压力及孔隙水压力直接测试特色明显。

　　（2）采用摩擦学理论，结合实测桩土界面有效侧压力、桩土贴紧系数、摩阻力三段式分布，揭示了桩土摩擦机理，并将沉桩过程和成桩后承载力的演化联系起来。

（3）基于离心模型试验原理构造颗粒流数值实验，用数值实验代替室内模型试验，实现在黏性土中静压桩的颗粒流数值模拟，丰富了细观研究手段。

（4）利用足尺试验—摩擦学分析—颗粒流模拟三者联动的方式多角度探索静压桩的沉贯机理。

本书是在国家自然科学基金"基于摩擦学及颗粒流方法的黏性土中静压桩试验研究"（51778312）、山东省重点研发计划项目"基于摩擦学和颗粒流方法的静压 PHC 管桩承载特性研究"（2017GSF16107）、青岛市博士后应用研究项目"基于摩擦学原理的黏性土中静压桩承载机制研究"（2018101）、山东省自然科学基金重点项目"GFRP 抗浮锚杆体系长期承载性能与设计方法研究"（ZR2020KE009）等项目共同资助下研究撰写完成的。作者对上述科研项目的资金支持表示衷心的感谢。

在本书撰写和科研过程中，研究生桑松魁、苗德滋、管金萍、张立等做了大量工作，刘俊伟教授在本书的编撰过程中提供了许多宝贵的意见，在此对他们表示诚挚的感谢。

希望本书能对我国土木工程领域的教学、科研与设计工作有所帮助，这是我们最大的愿望。由于作者的水平有限，书中难免有疏漏和不足之处，敬请同行和广大读者批评指正。

编者

2022 年 7 月

目 录

第

1

章

绪论

1.1　研究背景及意义

桩基础作为一种特殊的建筑物深基础形式，主要由桩和承台两部分组成，起到将上部结构的荷载通过桩侧摩阻力和桩端力传递给土层的作用。桩基础凭借其可以利用下部坚硬土层或岩层当作持力层，具有承载力高、稳定性好、沉降量小而均匀、适应性强等特点，从而能够满足建筑物在地基沉降、变形以及承载力等方面的要求，被广泛应用于桥梁、港口、高层建筑以及重型厂房等实际工程之中。桩基础主要承受竖向荷载作用，但在一些特殊工程如桥梁、港口等工程中不仅要承受竖向荷载，有的时候还需要承受水平荷载和动荷载等。因此，在这些实际工程之中，除了设置竖直桩来抵抗水平荷载外，有时还要设置一些斜桩用来抵抗更大的水平荷载。

早在大约 7000 年前的新石器时代，我国先民就已经开始应用桩基础，随着社会科学技术的进步与发展，桩基础的形式也不断发生变化，从原始的木桩到水泥土桩、钢筋混凝土桩以及钢桩等等多种形式，桩基材料的变化与建筑物的承载要求密切相关。早期人们居住在草屋和木屋中，使用木桩就能满足建筑要求；但随着人口数量的不断增加以及建筑用地的缺乏，建筑物逐渐向高层、超高层的方向发展，这就对桩基础提出了更高的要求，钢筋混凝土桩和钢桩等桩基以其良好的抗压性能，在实际工程中的应用逐渐增多。其中，尤以钢筋混凝土桩的用量最多，应用范围最广。钢筋混凝土桩主要包含预制桩和灌注桩两大类，其中，预应力高强混凝土管桩（PHC 管桩）凭借其质量稳定、混凝土单方承载力高、施工速度快、坚固耐久等优点在国内外的桩基工程中应用广泛。

PHC 管桩的沉桩方法主要包括 3 种，分别是振动法沉桩、锤击法沉桩和静压法沉桩。振动沉桩和锤击沉桩施工时会造成钢筋混凝土桩头的损毁；另一方面，因为施工机械大多使用柴油燃料，极容易形成大量黑烟，且产生巨大的振动噪声，对周围的环境和居民生活会造成一定程度的不利影响，所以其在使用区域方面有一定的限制，一般不宜在城市建筑物密集的地区使用。但是静压沉桩工艺能够克服以上两种沉桩工艺的缺点，静力压桩一般是指压桩机械利用自身所携带的配重，用抱具紧紧抱住钢筋混凝土桩或钢管桩将其缓慢压入土层的一种沉桩工艺，静压沉桩所用静压机械如图 1.1 所示。

与振动沉桩和锤击沉桩工艺相比，静压沉桩具有以下特点：

（1）施工时没有振动和噪声，也没有柴油引起的黑色烟雾和飞溅的油污，对周围有危房或精密仪器厂房等的环境和居民正常生活没有影响，施工受场地限制影响小，可在城市人口密集区域或闹市之中施工。

图 1.1 静压机械实景图

（2）施工操作简便，施工速度快，且可以避免振动和锤击对预制桩产生的损坏，从而可以适当地降低桩身混凝土的等级，节约部分材料，以达到降低造价的目的。此外，静压沉桩不易产生偏心，保证了成桩质量，提高了单桩承载力。

（3）预制桩可以在工厂提前进行预制，若工期紧张还可以在制作桩的过程中加入早强剂，缩短水泥混凝土的凝结时间，从而提高混凝土的早期强度，避免耽误施工的正常进行。

（4）静压沉桩是一个连续的过程，整个沉桩过程中的压桩力可以在压桩机的控制室内清晰地看到且有相关记录，使压桩阻力数据化，保证了施工人员对整个沉桩过程有一个准确地把控，且可以根据压桩阻力和桩基承载力的关系大约计算出成桩后的承载力是否满足设计要求。

（5）综合经济效益高。从桩身受损可能性小、单桩承载力高以及数据化压桩阻力等方面与灌注桩进行综合比较，静压预制桩要比灌注桩的经济效益好。

静压预制桩凭借以上诸多优点，广泛应用于我国广东、浙江、上海等软土地区，随着静压桩的广泛应用从而也对静压桩技术提出了更高的要求。众多学者对静压桩的贯入过程进行了深入的认识与研究，研究内容包括桩－土界面受力特性研究、桩身应力分析、贯入阻力（压桩力）以及桩侧摩阻力和桩端阻力的研究。特别是桩－土界面的研究已成为众多学者的研究焦点。对桩－土界面受力特性的研究不仅局限于沉桩过程中的研究，而且在沉桩后隔时复压、静载试验过程和休止期过程中桩 – 土界面的受力特性也成为诸多学者研究的热点。

桩 – 土界面的研究有助于提高对贯入阻力（压桩力）预测的准确性，以及进一步深入研究桩基的承载特性和变形特性的实质。对贯入过程中荷载传递的研究以及桩身受力特性的研究，有助于提高对桩基础设计的合理性、施工的安全性和经济性以及试验的准确性，所以桩 – 土界面的研究对桩基础优化有着重要的意义。

诸多学者对静压桩贯入过程的研究主要采用室内模型试验、现场足尺试验、数值模拟以及理论研究等方法。贯入过程中荷载的传递以及桩身受力特性的课题已做了大量的研究，而桩 – 土界面的研究主要表现在室内模拟试验、现场足尺试验以及理论计算等方面。虽然已有大量学者对桩 – 土界面进行了研究，在室内模拟试验以及现场足尺试验研究时，都是将土压力盒和孔隙水压力传感器埋设在桩周土中，将传感器埋设在距桩身表面不同间距处。然后将数据处理并通过曲线拟合，从而推算出桩 – 土界面处的径向土压力和孔隙水压力。采用理论研究时，通过利用圆孔扩张理论以及 Henkel 孔隙水压力公式推导出塑性区以及弹性区的超孔隙水压力公式，再推算得出桩 – 土界面处的超孔隙水压力。这些研究方法都不能准确地得到桩 – 土界面处的径向土压力、孔隙水压力以及超孔隙水压力，从而使研究结果与现实存在一定的偏差。

静压桩的沉桩过程属于桩 – 土这对摩擦副之间的静、动摩擦引起的力学问题，基于桩 – 土摩擦的特殊性，我们可以转换思路，借鉴摩擦学中的与沉桩相关的理论来解释静压桩沉桩过程以及沉桩结束后的一些力学现象。

摩擦因消耗了全世界 1/3~1/2 能量而引起了普遍重视，其理论在近 30 年来迅速发展并得到广泛的应用。基于摩擦学理论的观点，通过分析可以认为桩与土组成摩擦副，沉桩阶段以动摩擦为主，休止阶段以静摩擦为主，复压或静载试验时桩 – 土接触表面仅存在轻微位移，此时的摩擦可看作静摩擦。桩 – 土接触面的摩擦是外摩擦，而只在土体内部或液体内部产生的摩擦是内摩擦。无任何润滑介质存在时的摩擦为干摩擦，地基中的土不会绝对干燥，压桩阶段桩 – 土界面的水可能更多，形成湿摩擦。桩身粘有黏性土，是产生磨损所致。从以上分析可以看出，摩擦学中的一些理论观点同样可以适用于分析桩－土之间的摩擦问题，考察经典摩擦学理论，其中黏着－犁沟摩擦理论最能反映静压桩的桩－土摩擦情形，这种理论也是被大部分学者认可的理论。虽然现阶段部分学者已经承认桩－土之间的摩擦属于滑动摩擦，但是仅有少数学者使用摩擦学中的相关理论解释桩－土摩擦问题，可见摩擦学中成熟的滑动摩擦理论还未引起人们足够的重视。所以，适当地引入摩擦学中的滑动摩擦理论可以为研究桩－土界面的摩擦机制提供新的思路，摩擦学的相关理论与传统的库伦理论并不冲突，两者只是出发角度不同，所以摩擦学相关理论的采用可以从另一方面验证库伦理论，二者相互验证，相互促进，这具有极其重要的理论意义。

1.2　国内外研究现状

黏性土中静压桩的沉桩机理较砂土更为复杂，因为黏性土与砂土的颗粒摩擦、渗透性和排水条件等不同，需要考虑的影响因素也更多，所以沉桩机理的表现形式也会不同。虽然已经有部分学者对黏性土中的静压桩进行了相关研究，但是大部分的研究集中在静压桩沉桩过程的挤土效应方面，对于桩－土界面的研究还不是很充分。目前，对于静压桩桩－土界面的研究多数采用理论分析、现场量测和室内模型试验的方法，取得了一定的研究成果。

1.2.1　静压桩理论分析的国内外研究现状

对于静压桩的理论分析方法，目前比较成熟的主要是以下几种：圆孔扩张理论、应变路径法和有限元分析法。国内外诸多学者依据上述几种理论对静压桩的沉桩过程进行了研究，现将研究现状总结如下：

Vesic（1972）假定土壤表现为理想的弹塑性固体，遵循莫尔－库伦破坏准则，得到了圆孔扩张理论的基本解，并将其在深基础承载力研究中加以应用。

Randolph 等（1979）将沉桩视为圆柱形孔的不排水扩张过程，随后假定在该过程中产生的超孔隙压力通过孔隙水的径向流动而消散。提出了一种可以扩展到敏感性黏土中的方法，该方法可用于预测沉桩附近土体的强度和含水量的变化。

Bligh 等（1985）介绍了应变路径法的基本原理，研究并给出了沉桩过程中的孔隙水压力的分布规律。

Chopra 等（1992）运用有限单元法研究了沉桩问题，假设土体中孔隙水服从达西定律，结合拉格朗日法对沉桩过程进行模拟，求解出依据有效应力原理的沉桩和固结后孔隙水压力场和有效应力场。

龚晓南 等（1994）基于材料的抗拉和抗压模量，提出了服从 Treaca 和 Mohr‑Coulomb 准则材料的圆孔扩张理论，同时研究了模量参数 α 等参数对所得理论解的影响。

Collins 等（1996）提出了用于在临界状态土体中的圆柱形和球形空腔的不排水扩张的分析和半解析解，为验证各种数值方法提供了有价值的基准解决方案。

Sagaseta 等（1997）提出了一种浅层应变路径法，研究了黏土中浅层不透水渗透引起的变形和应变。

樊良本 等（1998）通过改良的 K_0 仪进行模型压桩试验，量测了压桩过程中的土中径向应力增量，证实了圆柱孔扩张理论在单桩桩周土中应力计算的正确性。

徐永福 等（2000）基于柱孔扩张理论，结合 Mohr–Coulomb 准则，得出沉桩过程中的超孔隙水压力公式及其分布规律。

李月健 等（2001）依据 Boussinesq 解等得到沉桩后桩周土体内应力场、孔隙水压力场和土体强度等的变化规律的分析方法，并将该理论应用到实际工程，结果表明其可较准确地预估桩基承载力。

唐世栋（2002）采用圆柱孔扩张理论得到了压桩时超孔隙水压力的分布规律，探讨了实测值与理论解在桩周土、桩–土界面处和桩端处的超孔压分布的异同性。

张明义 等（2003）基于 Vesic 的研究提出并详细介绍了球孔扩张–滑动摩擦计算模式，该方法将静压沉桩过程中的侧摩阻力和端阻力成功分开计算，具有很高的实际应用价值；利用 ANSYS 软件，采用位移贯入法的思想，对静力沉桩进行有限元模拟。同时基于现场多根静压桩压桩力的实测资料，进行压桩力的模拟求解，结果与实测值有较好的一致性。

Sagaseta 等（2003）介绍了在无限不可压缩介质中圆柱扩张的解析解，解决了塑性和弹性区域的大应变问题。它们解释了空腔表面轴向剪切应力的影响以及垂直和水平应力不均匀的可能性，可用于确定沉桩周围的应力。

鄢洲 等（2004）基于圆柱孔扩张理论，求解了单桩和群桩沉桩过程中的超孔隙水压力的大小和影响范围等，并将理论解和现场实测值比较，证明了单桩理论解的可行性。

卢文晓 等（2005）在圆孔扩张理论基础之上，通过施加位移边界条件，对静压沉桩进行有限元模拟分析，研究了静力压桩后桩和土体的变形规律和力学行为。

陈晶 等（2006）使用 ABAQUS 软件并假定桩周土体服从 Mohr-Coulomb 准则，模拟了桩侧阻力随桩入土深度的变化；对静载试验下的荷载 – 沉降曲线进行模拟对比，结果比较理想。

韩文君 等（2010）利用 FLAC 软件，对以压力为圆孔扩张边界的二维圆孔扩张进行建模，研究了包括超静孔隙水压力分布等多方面的问题，得到了在初始应力各向异性的条件下压力控制圆孔扩张过程土体的响应规律。

陆培毅 等（2012）基于服从 Mohr-Coulomb 准则的圆柱孔扩张理论，得到了沉桩过程中桩周土超孔隙水压力公式，并把现场实测结果与之对比，表明桩 – 土界面实测值偏小，但距桩越远，两者越接近。

周航 等（2014）在圆孔扩张理论的基础上提出了静压扩底楔形桩沉桩过程中的贯入阻力、超静孔隙水压力等的理论计算方法，并将理论解和试验数据比较，二者较相近。

陈怡 等（2017）借鉴有效应力法，运用圆孔扩张理论和固结理论对沉桩阶段、固结阶段等过程中超孔隙水压力进行分析计算，在此基础上求得桩侧极限摩阻力，并通过实测数据进行计算验证，结果显示实测值偏小。

Poulos 等（1980）通过小孔扩张理论研究了沉桩过程引起的桩周孔隙水压力的变化及分布规律。

叶观宝 等（2005）分析了沉桩过程中对桩周土的影响，运用孔穴扩桩理论计算得出了沉桩过程中产生的瞬时超孔隙水压力理论值，并与现场实测值进行比较，其变化规律与实测值相吻合。

王育兴 等（2005）分析了由孔穴扩张理论计算出的超孔隙水压力与沉

桩产生的超孔隙水压力差别，并分析了产生差别的原因。为此，运用水力压裂理论结合孔穴扩张理论推导出了沉桩产生超孔隙水压力的计算公式，其计算值与实测值相吻合。

王伟 等（2005）以饱和软土中静力压桩引起的考虑消散的单桩准三维超静孔隙水压力解析公式为基础，结合沉桩结束之后桩周土中超静孔隙水压力的变化和土体的固结以及桩 - 土接触面的破坏形式，计算推出了考虑时间效应下的单桩承载力解析解，其计算结果与工程实例量测结果趋于一致。

赵明华 等（2012）认为沉桩过程是一个平面圆孔扩张问题，结合修正的剑桥模型，给出了软黏土中沉桩过程后初始时刻超孔隙水压力沿桩径分布的解析函数以及桩周土中超孔隙水压力消散的级数解。

高子坤 等（2013）根据三维附加总应力分析解答了沉桩过程后由于挤土效应造成的超孔隙水压力分布规律。结合工程实例，对沉桩后超孔压的分布规律以及超孔压的消散进行了验证。

李镜培 等（2016）由理论计算得到了桩周土超静孔隙水压力的级数解，分析了桩周土体超静孔隙水压力随时间和空间的演变规律，揭示应力历史、径向和竖向固结系数以及剪切模量等因素对初始超孔压的产生和随后的固结速率的影响规律。

刘时鹏 等（2016）基于固结方程、初始超静孔隙水压力得出预测休止期静压桩承载力的理论解，并通过江苏省某试验场地试桩的静载荷试验相关数据验证了理论解与实测值具有较好的一致性。

从上述研究现状可以看出，目前对于静压桩理论方面的研究，多是以服从 Mohr-Coulomb 准则为主，本书拟从摩擦学角度出发，以黏着 - 犁沟理论为主要方向，定性分析静压沉桩以及静载试验过程中桩侧摩阻力以及桩 - 土界面应力的变化情况，希望可以推动摩擦学中的相关理论在静压桩研究中的应用。

1.2.2　静压桩现场试验的国内外研究现状

目前国内外对于静压桩的桩身轴力、桩侧摩阻力及桩侧土体位移等方面的研究大多采用在桩身表面刻槽埋入传感器的方式实现，所用传感器大多为电阻应变片式，也有部分学者使用光纤光栅传感器进行试验。但是刻槽的方式对预制桩本身有一定的损坏，且测量得到的数据与桩的真实受力还有部分差异。现在已经有一些专家学者采用在 PHC 管桩制作成型时预先埋入光纤光栅传感器的手段进行测试，这种手段使得光纤光栅传感器容易受到管桩钢筋张拉、离心成型的影响，传感器成活率较低，但测试结果相对贴近管桩的实际受力状态。国内外关于静压桩在现场试验方面的研究现状如下：

Seed 等（1957）研究了桩受荷进入饱和黏性土过程中，与桩相邻的土壤中的超孔隙水压力的变化规律，研究结果表明当距离桩的长度超过 15 倍的桩径时，因沉桩产生的超孔隙水压力很小，并且建立了一种原状土与扰动土的含水量和强度之间的关系方程。

Cooke 等（1979）对伦敦地区的黏性土中的静压桩在工作条件下的荷载传递机制和沉降进行了研究。

Roy 等（1981）通过现场试验测得沉桩过程中孔隙水压力的变化情况，研究表明孔隙水压力在沉桩结束后 600 h 左右完全消散，并利用孔穴扩张理论验证了测量值。

Skov 等（1988）总结分析了许多静力压入桩在休止期内的静载试验资料，在此基础之上揭示了桩承载力的增长与时间对数之间的关系。

张明义 等（2000）在山东东营和青岛两个不同场地进行了两组共 5 根混凝土预制方桩的静力压桩试验，其中一组试验的试桩在桩端附近安装了由电阻应变片制成的压力传感器，实测了压桩力和桩端阻力，并将其与静力触探曲线相对比，较为吻合；并通过自制的压力传感器测得了桩端残余应力，在软土层桩端基本不存在残余应力，而在硬质土层时残余应力较为明显。

施峰（2004）在压桩试验的基础上开展了静载试验研究，为保证测试结果准确性，采用了在 PHC 管桩桩芯内安放带有钢筋计的钢筋笼并浇筑混凝土形成整体的手段，分析了桩侧摩阻力、端阻力的变化。

周火垚 等（2009）进行了桩长为 30 m 的 PHC 管桩在饱和软黏土地基上的现场压桩试验，研究了试桩的挤土效应，监测了压桩过程中的桩侧孔隙水压力、地面土体位移。结果表明表面土体位移呈上下大、中间小的马鞍形分布，且同一标高的超孔隙水压力沿径向具有滞后性。

张忠苗 等（2010，2011）通过在管桩周围的土体中埋设孔隙水压计和土压力盒以及开挖应力释放孔的手段测定了静压沉桩时桩周土体的土压力和孔隙水压力变化情况，结果表明径向土压力呈先增后减的趋势，应力释放孔对孔隙水压力的削弱作用可达 74%。

寇海磊 等（2013，2014）依托杭州富阳某工地的实际压桩工程，对两种桩长分别是 18m 和 13m 的试桩进行压桩试验，试验采用了在 PHC 管桩桩身表面刻槽埋入光纤光栅传感器的手段监测了静力压桩过程中桩的应力变化。试验结果表明试桩进入硬质土层时压桩力、桩侧摩阻力和桩端阻力增长较明显，增幅分别为 44.36%、17.92%、97.41%；桩侧摩阻力的临界深度较室内模型试验的差别并不明显。

胡永强 等（2015）引入了摩擦学中的黏着摩擦机制和变形摩擦机制以及其他理论来分析静压桩的桩 – 土摩擦中的侧摩阻力退化效应等现象，并结合珠江地区的 3 个场地共 7 根试桩的静力压桩试验，运用相关的摩擦理论研究了实际沉桩过程中的侧摩阻力及其时效性，结果显示桩土界面的摩擦在干摩擦和湿摩擦之间反复转换。

董春辉 等（2017）结合潍坊某实际工程中两根静压桩的隔时复压试验，研究了桩的侧摩阻力、端阻力以及承载力增长等的内容，结果表明压桩结束后存在侧阻绝对硬化和端阻相对软化现象。

经过总结发现，静压桩的现场试验主要是采用在桩身表面刻槽埋入传感器以及在桩周土不同深度埋入土压计和孔压计的手段来研究桩及桩周土的应力状态，未对桩 – 土界面应力进行详细的相关研究。

陈福全 等（2002）介绍了小截面预制桩的优点，并依托龙岩市的 5 根预制桩的现场压桩试验以及后期的静载荷试验，借助桩端埋设的土压力盒，成功量测了试桩的沉降及桩端阻力，总结了小截面预制桩的压桩机理。

苏振明（2003）提出了一种在预应力管桩中埋设应变式钢筋计的新方法，并对预应力管桩进行破坏荷载试验，研究了桩身应力、桩侧摩阻力以及桩端阻力的变化规律。

Gavin 等（2007）结合多个循环荷载和静荷载试验下的现场试验，研究了疲劳磨损对砂土中桩承载力的影响，试验表明桩侧摩阻力主要取决于原位砂体状态，且端阻力与沉桩方式关系不大。

张永雨（2006）在 PHC 管桩的桩身内部安装了钢筋计，测得了沉桩过程中桩身轴力随贯入深度的变化。在休止期之后，通过静载试验研究了各级荷载之下桩身应力的变化以及桩端阻力与侧摩阻力的变化规律。

余小奎（2006）将分布光纤传感技术应用到 PHC 管桩和钻孔灌注桩中，分别测得了在贯入过程中和静载阶段桩身轴力、桩侧摩阻力、桩端力的变化规律。

律文田 等（2006）通过现场静力载荷试验，研究了 PHC 管桩的荷载传递机理。分析了桩身轴力和桩侧摩阻力随深度的变化规律，桩身轴力在粉质黏土层和粉砂层时衰减较快，在淤泥质黏土层衰减较慢；桩侧摩阻力自上而下逐渐发挥，沿桩身呈非线性分布。

蔡健 等（2006）探讨了超长 PHC 管桩在深厚软土地基中的竖向承载特性和荷载传递机理。试验结果表明超长 PHC 管桩表现为端承摩擦桩，在选择持力层时应当选择压缩性小的土层；在进行沉降计算时，要考虑桩身自身的压缩量。

邢皓枫 等（2009）在 PHC 管桩桩身上预先埋设光纤传感器，并借助静力载荷试验，研究了 PHC 管桩在不同荷载等级之下沿桩身方向的受力特性。发现了桩身侧摩阻力不仅与土层性质有关，而且还与桩身的埋置深度有较大的关系。并且根据试验结果提出了单桩承载力的修正公式。

俞峰 等（2011）结合香港地区某工地的 H 型钢桩的现场沉桩以及后期进行的循环载荷试验和多根邻桩的压入，研究了试桩在整个施工周期内的受力状态和桩身残余应力、残余应力的影响因素并且提出了预测残余应力的简化模型。

郭志广 等（2014）通过在现场深的厚软土地基超长预制管桩静载试验，对超长预制管桩的承载机理和变形特性进行分析，确定了荷载传递法中的传递函数参数。

牛富丽 等（2015）在 3 个具有烟台地区地质特点的场地进行了共 9 根试桩的压桩试验，主要研究了烟台地区的沉压阻力。

静压桩桩 – 土界面的研究已成为诸多学者研究的焦点，桩 – 土界面的受力分析包括桩侧径向土压力和孔隙水压力的研究。现场试验研究主要是通过在桩周土中埋设土压力盒和孔隙水压力计，研究由于挤土效应引起的桩侧径向土压力及孔隙水压力的变化，并根据所测数据通过 Matlab 等数据处理软件拟合出变化规律曲线，从而得到桩－土界面处的侧向径向土压力以及孔隙水压力。

Hunt 等（2000）基于旧金山的沉桩试验，监测了沉桩时的孔隙水压力和侧向土体变形，且对现场采样进行室内试验。结果表明沉桩时会产生巨大的孔隙水压力，且沉桩结束后消散较快。

Hwang 等（2001）通过在桩周土体中埋设传感器，在贯入足尺桩的过程中监测桩周土体中的孔隙水压力和土压力值的变化，发现桩周土体中的土压力和孔隙水压力的变化与桩的贯入过程密切相关。

唐世栋 等（2002）通过在现场距桩身不同间距处以及不同深度处埋设孔隙水压力计和土压力盒。监测沉桩过程中引起的超孔隙水压力以及桩侧土压力。发现桩侧超孔隙水压力和侧向压力都随距离增大呈对数形式衰减；桩－土界面处的超孔隙水压力和扩张压力值与上覆有效压力有关。

唐世栋 等（2003）认为群桩与单桩施工引起的超孔隙水压力变化规律不同，所以对饱和软土中桩群范围内超孔隙水压力的产生、分布和变化趋势进行了探讨，同时也对桩群外超孔隙水压力的分布规律和影响范围进行了讨论。

朱向荣 等（2005）通过现场实测，探讨了单桩桩周土体中产生超孔隙水压力的大小、分布规律以及影响范围，发现超孔隙水压力随距离呈现出对数型衰减，影响范围为 30 倍的桩径。

徐祖阳（2006）在现场进行了 PHC 管桩单桩及群桩超孔隙水压力的测试，研究沉桩过程对桩周土体中超孔隙水压力的分布和消散规律，以及不同的工况情况下对超孔隙水压力的影响。

潘赛君 等（2009）以某软土地基工程的现场沉桩为依托，研究静力压桩过程中超孔隙水压力的变化，结果显示距桩一定距离和深度处超静孔压远大于有效自重应力；并将结果与 Vesic 理论解进行比较，吻合度较高。

周火垚（2009）通过在饱和黏土地基中进行足尺静压桩的压入试验，监测桩周土体的侧向位移、地表隆起以及孔隙水压力的变化规律，并研究分析了超静孔隙水压力最大值沿径向和深度的变化特性。

张忠苗 等（2010）通过现场试验对静压桩沉桩过程中引起桩周土的挤土效应进行成功监测，分析了静压桩贯入过程中引起桩周土体中在不同深度和距桩身不同位置处孔隙水压力的变化情况，探讨了由于沉桩过程引起的孔隙水压力的影响范围和在场地两侧开挖应力释放孔能够有效减小孔隙水压力的影响。

张忠苗 等（2011）为研究静压预制开口管桩对周围土体土压力的影响，在试验场地内和防挤沟两侧埋设土压力盒进行监测。试验结果表明，在沉桩过程中，周围土体的径向土压力呈先增大后减小的趋势，并随着深度的增加，径向土压力的影响越来越大。

鹿群 等（2011）通过现场试验对静压桩沉桩过程中桩周土体位移和超孔隙水压力进行观测，分析了桩周土体位移和超孔隙水压力的分布情况和随时间的变化规律，并发现了静压桩的施工受施工方向的影响较大。

雷华阳 等（2012）依托天津某吹填土软弱地基上的PHC管桩现场静力压桩试验，通过在桩周布设孔压计和测斜管的测试手段，量测分析了沉桩过程中的孔隙水压力和侧向土体位移。结果表明30d左右孔隙水压力基本消散，土体最大水平位移发生在埋深约0.2L处，并采用有限元手段进行模拟，验证了测试结果的准确性。

郑华茂（2015）通过室内模型试验在砂土地基中静压桩壁镶嵌了微型土压力计的模型桩，试验研究了在沉桩过程中和水平荷载下桩侧土压力的变化规律。

白晓宇 等（2018）为研究静压桩沉桩过程中桩–土界面的侧向压力对轴向力的影响，在模型桩上同时埋设光纤光栅传感器、硅压阻式土压力传感器和硅压阻式孔隙水压力传感器，借助光–电一体化测试技术，分析了桩侧的径向土压力对桩身轴力的影响。

1.2.3 静压桩室内试验的国内外研究现状

鉴于现场试验的工程地质条件复杂、各种不确定性因素较多等情况，很多学者通过简化现场复杂的土层条件，在室内利用按比例缩尺的试验箱和试桩进行室内模型槽试验或离心模型试验，试验所用桩包括木桩、铝管桩、有机玻璃管桩等多种类型。国内外的专家学者对静压桩室内试验的研究现状如下。

Banerjee 等（1983）通过黏土中的沉桩试验，结合桩身安装多种测试元件的手段，量测了沉桩过程中的桩身应力、桩侧土压力和孔隙水压力，并将实测值与理论值相比较，结果比较相近。

Azzouz 等（1988）采用 PLS 装置进行了两种黏土的沉桩模型试验，测量了沉桩过程中的总水平应力、剪应力和孔隙水压力，研究了桩侧摩阻力的发挥性状。

Nicola 等（1999）借助在离心机上进行的一系列模型桩试验，研究了均质砂土中模型桩在动态和静态荷载下的受力性能，并根据试验数据进行归一化得到端部轴承载响应的单一曲线。

陈文 等（1999）利用模拟现场土体固结的离心机进行了两种不同性质的黏性土的模拟压桩试验，通过埋设的孔压计实测了压桩过程中的超孔隙水压力。试验结果表明超孔隙水压力的作用半径约为 20 倍的桩径，其数值在水平方向随测点至桩轴的距离的增大呈对数减小的趋势；并利用相关公式得到的超孔压的理论值验证了实测值的吻合性。

Lehane 等（2001）通过砂土的模型槽压桩试验，研究了管桩的桩径和壁厚对开口管桩侧承载性状。结果表明在内壁上测得的剪切应力的大小和分布被证明与现有的实验数据相一致，并且与应力水平、界面摩擦角等相关。

Yasufuku 等（2001）根据压缩系数、摩擦角和剪切刚度对砂土地基桩端承载力进行了讨论，提出了一种基于理论和实验考虑的简单方法来预测砂土中桩端承载力和荷载 – 沉降曲线与土壤压缩系数的关系。通过将预测结果与一系列模型桩荷载试验的结果和沙中原位桩载荷试验数据库进行比较，验证了所提方法的适用性。

Paik 等（2003）研究了土塞对开口管桩承载力的影响，并以增量填充率来量化，同时结合室内模型桩试验，提出了桩端承载力和开口端桩承载力的新的经验关系式。

周淑芬 等（2009）借助 4 m×3 m×5 m（长 × 宽 × 高）的钢筋混凝土模型试验箱进行了有机玻璃材质模型管桩的静载试验，模拟研究了超长群桩的竖向承载性能，主要包括桩身轴力和桩侧摩阻力的变化情况。

刘清秉 等（2011）在多种砂样及不同密实度条件下使用模型锥形探头进行了离心试验，模拟了中等圆形闭口桩在砂土中的静力压桩，研究了其桩端阻力与砂粒的关系。结果显示颗粒形状与桩端阻力关系密切，颗粒越不规则，桩端阻力愈大。

李钰 等（2015）在 1.1 m×1.1 m×1 m （长×宽×高）的模型箱内进行静力压桩和锤击沉桩试验并结合数值模拟的方法，研究了两种不同沉桩方式对桩周饱和砂土内的超孔隙水压力的影响。试验结果显示对于超孔隙水压力，锤击沉桩的数值和影响范围比静压沉桩大。

刘祥沛 等（2016）在 70 cm×70 cm×100 cm（长×宽×高）的模型箱中对混凝土模型桩进行了基底分别为黏土和砂土的静载模型试验，研究了试验过程中的桩身应力、桩侧摩阻力和桩端阻力的分布规律，并总结分析了桩基的几点破坏特点。

钱峰 等（2016）在 2.0 m×2.0 m×1.5 m（长×宽×高）的模型箱中进行了饱和黏土地基的预制混凝土模型桩的静力压桩试验和后期的静载试验，量测并分析了沉桩过程中的孔隙水压力、土压力以及静载模型试验阶段的荷载－沉降关系等。试验结果显示，超孔隙水压力的最大值出现在桩端以上约 0.8 倍的桩径处；竖向土压力的增幅与其距地面的距离成反比；静载模型试验的 Q–s 曲线表现出"渐进破坏"的缓变型特征。

李林 等（2016）通过一系列的公式推导出了静压桩的沉桩阻力、桩周土压和水压的预测公式，结合离心模型试验的实测数据对预测值进行验证；沉桩过程中土压和水压随桩的入土深度呈线性增加的关系，且超孔隙水压力在径向方向呈对数形式衰减。

李镜培 等（2016，2017）建立了沉桩力学模型，在剑桥模型的基础上引入相关参数得到了静力沉桩过程中的超孔隙水压力解析解和沉桩结束后孔隙水压力的消散解析解，并利用静力触探仪结合离心模型试验模拟了实际压桩，通过试验数据验证了由理论方法得到的孔隙水压力的正确性；推导出利用孔隙水压力的消散数据及其他参数预测静压桩时效承载力的方法，并利用离心试验加以验证，结果表明静压桩的桩径与承载力的增长成反比，桩径越小，承载力增长越快。

蒋跃楠 等（2016，2017）在 1.2 m×1.0 m×1.2 m（长×宽×高）的模型槽中采用有机玻璃管质桩身模拟了砂土和分层土中的静力压桩，分别研究了具有不同桩端角（30°、45°、60°、180°）的模型桩在纯砂土中压桩的压桩力和桩端力以及研究了在不同土层及不同桩径的同一模型桩在同一土层中沉桩时的压桩力和端阻力。结果表明：密砂中的压桩力随桩端角的增大而增大，中密砂中这种关系并不明显，同时桩端角越大，端阻力的增长幅度越大；桩径越大、压桩力越大；压桩力和端阻力变化趋势相近且桩侧摩阻力是压桩力的主要组成部分。

李雨浓 等（2018）借助西澳大学的鼓轮式离心机，完成了黏性土中不锈钢闭口方桩在不同重力场下的压桩试验和静力触探试验，研究了桩在沉桩过程中的径向应力和侧摩阻力的分布情况。研究结果表明模型试验的径向应力小于现场实测，但两者变化趋势相似；桩侧摩阻力受到桩端相对距离的影响，存在退化现象；通过美国石油学会以及 Lehane 等提出的经验公式验证了试验中的侧摩阻力，结果较吻合。

侯兆霞（1993）通过不同桩尖的模型桩，在不同密实度的砂土中进行相对埋深的沉桩试验，监测了桩端土体的应力分布情况。并对砂土体的受力破坏机理进行了研究。

Yasufuku 等（1995）通过室内模型试验对沉桩过程中桩身应力和桩周土体应力进行了研究。

胡幼常（1995）介绍了以单桩的形式模拟群桩的模型试验方法，并对埋入紧密砂中不同桩距和不同埋深的大型桩群进行模型试验。测出了桩端阻力与桩端沉降的关系曲线，并对地基的破坏性状和桩端阻力机理进行了分析。

Lehane 等（2001）通过在干砂模型地基中静力压入模型桩试验，分析了贯入过程中的应力水平、桩径、管桩桩壁等对模型桩的影响。试验结果表明，可通过加载前的填充率和圆锥刺入端部的阻力进行联合，简易地展现出承载能力与土塞刚度的函数关系。

Dave White 等（2002）通过离心机试验箱和平面应变试验箱，模拟现场静压桩贯入过程。研究了静压桩在砂土中的沉桩机理以及土的种类和初始密实度对沉桩过程的影响，同时也动态测试了沉桩过程中桩周土体的位移变化。

朱小军 等（2007）在室内模型试验的基础上，对长短桩组合桩基础的荷载与沉降的关系、桩身侧摩阻力分布、桩身内力以及长短桩组合桩基础中长桩和短桩承载性状发挥状况等问题进行了分析，对长短桩组合桩基础的承载性能和破坏机理进行了初步的探讨分析。

周健 等（2009）通过室内模型试验研究了在密实砂地基中静压桩的沉桩过程。并对比分析了沉桩过程中对浅层土体、桩身周围、桩端处土体的位移变化。对静压桩贯入过程中的动端阻力和动侧摩阻力的发展规律以及临界深度等问题做了探讨。

李雨浓 等（2010）通过静力压入层状黏性地基土中的单桩室内试验，对沉桩过程中压桩力、桩端阻力、桩侧摩阻力随贯入深度的变化规律以及对贯入不同土层分界面时贯入阻力的变化规律和桩周土体应力的分布特征进行了研究。

周健 等（2012）利用侧面透明的模型箱和铝管半模桩模拟了开口管桩在砂土中的沉桩过程，分别测量了不同桩径和不同相对密实度开口管桩完全闭塞时的土塞高度，结果表明桩径越大，相对密实度越小，则土塞高度越大。

曹兆虎 等（2014）基于透明土和 PIV（Particle Image Velocimetry），分别对开口管桩和闭口管桩的贯入过程进行了模型试验，得到了对应的土体位移场，并对模型桩贯入过程中引起的桩周土位移结果与圆孔扩张理论计算值进行对比分析。

黄生根 等（2016）研究了开口管桩沉桩过程的挤土效应和土塞效应相互作用的问题，得出了柱形孔扩张过程中桩周土体的应力场及位移场解析表达式，并分析了考虑土塞效应时开口管桩挤土效应的特征。

王永洪 等（2017）通过在模型桩身上刻槽埋设增敏光纤光栅传感器，测试了在黏性土中静压沉桩过程的桩身应力变化。试验结果表明，浅层桩侧摩阻力较小，在入土深度到 5 m 左右时单位面积桩侧摩阻力达到极限值，之后随着入土深度继续增加而呈减小趋势。

目前，通过室内模型试验研究静压桩的受力多是以在模型桩表面粘贴应变片以及在桩周土中提前埋入传感器的手段为主，但是这些研究手段基本都只能测得模型桩本身及桩周土中的应力状态，并没有准确测得桩－土界面的应力。所以本书在室内模型桩试验中采用了在管桩表面开浅槽和小圆孔的技术，粘贴放入光纤光栅传感器、微型土压力传感器和孔隙水压力传感器，能够准确地测得桩－土界面处的真实应力状态，为后续静压桩的试验研究提供参考。

1.2.4　静压桩贯入过程颗粒流数值模拟研究

岩土体既不是理想的弹性体材料也不是理想的塑性体材料，而是由散体介质胶结或者架空而成。由于岩土体具有散体介质的特性，采用传统的连续介质方法和有限元软件无法从本质上揭示土体的变形发展的微观机理以及力的传递规律。而颗粒流离散元法相比于有限元具有较大的优势，颗粒单元之间是一系列的独立运动，可以从细观的颗粒单元层次揭示宏观力学机理。颗粒流软件可以有效地模拟介质的分离、开裂等非连续问题，在岩土工程中的应用越来越广泛。

Cundall（1972）首次提出了离散元法（Distinct Element Method）的概念，也是最早运用离散元法来解决和研究岩石的力学问题。

周健 等（2000）比较了 PFC2D 软件与其他模拟软件的不同，并介绍了颗粒流数值模拟的方法步骤以及在岩土工程中的应用实例。

刘文白 等（2004）应用颗粒流理论以及 PFC2D 软件模拟了桩承受上拔荷载的试验，分析了桩在上拔荷载作用下桩以及桩周土体的细观力学特征，桩的位移和颗粒的分布和速度。

叶建忠 等（2007）通过对颗粒流程序的二次开发，模拟了在砂土地基中静压桩的沉桩过程。揭示了桩端、桩周土体在沉桩过程中的位移变化，从细观层次上解释了沉桩过程，增进了对沉桩过程的深入理解和规律的揭示。

马哲 等（2009）利用颗粒流理论以及 PFC2D 软件模拟了静压桩的贯入过程，分析了模型桩在贯入过程中桩周土颗粒的结构排列以及桩周土体的位移和应力的变化。

周健 等（2009）采用颗粒流数值模拟研究了密实砂中静压桩的贯入过程，对比分析了浅层土体、桩身周围、桩端处土体的不同位移模式，揭示了桩周不同位置土体的变位规律，并将孔隙变化场与宏观位移场进行相互对比印证，发现桩端土体位移模式与压密区基本呈圆孔扩张形式。

马哲 等（2010）基于离心机原理和颗粒流数值模拟理论，采用 PFC2D

数值模拟软件，模拟了在砂土地基中静压桩的沉桩过程，通过贯入不同桩尖形式的模型桩，着重分析了在分级加载作用下不同桩尖模型桩的桩端阻力与桩侧阻力的变化规律，揭示了随着桩身贯入深度的增加桩端阻力与桩侧阻力的发展规律。

周健 等（2010）通过二次开发颗粒流程序 PFC2D 对沉桩全过程进行离散元数值模拟。PFC2D 能够模拟开口管桩从开始刺入砂土到形成土塞并最终呈现闭口管桩性态的整个过程。从细观尺度出发探讨开口管桩沉桩过程中砂土的变形机制和土塞的形成机制。

蒋明镜 等（2010）利用离散元模拟了地基的形成、挖孔灌注桩的成桩过程。并进行了单桩竖向抗压静载试验，分析了挖孔灌注桩的承载机制。试验结果表明，单位侧摩阻力沿桩长方向呈非线性增长；当达到桩的极限承载力时，桩端发生刺入破坏，桩端土体的应力场梯度增大。

邓益兵 等（2011）利用离散元模拟了螺旋挤土桩下旋成孔过程，模拟研究了螺旋挤扩钻具以不同掘进下旋速度比在浅层和深层土中的掘进过程，通过与试验规律的对比，验证了数值模型的有效性，分析了桩侧土体的位移发展模式和力学响应，探讨了钻具与土体的作用机理。

周健 等（2012）利用可视化室内模型试验装置，模拟了分层介质中的沉桩过程，并采用颗粒流数值软件进行模拟，模拟结果与试验结果相吻合。

周健 等（2012）进行了 PFC 软件三轴数值模拟，将土体细观参数变化与宏观力学响应相联系，揭示桩刺入过程中桩端砂土的宏、细观演化机理，指出端阻力的发挥在细观上主要表现为桩端附近颗粒接触力的变化。

乔卫国 等（2012）利用离散元 PFC2D 软件对高频振动沉桩进行了数值模拟，从细观颗粒层面上分析了高频振动沉桩机理。分析了贯入深度和贯入速率随时间变化规律，研究了桩周土颗粒的运动规律。

詹永祥 等（2013）采用 PFC2D 模拟了开口管桩的沉桩过程，得到了土塞的形成演化规律、土颗粒细观结构变化以及桩周土应力场分布情况。分析土体细观变化模式揭示沉桩过程中宏观力学响应的内在机制。

李阳 等（2015）使用颗粒流方法研究了成层黏性土情况下桩 - 土的相互作用。得到了不同土层的细观物理力学性质参数，分析了在竖向荷载之下桩 - 土相互作用过程与颗粒位移特征。

目前，颗粒流数值模拟在砂土和岩石方面应用较广泛。但是在模拟黏性土时，由于颗粒粒径要求较小导致模型颗粒数目较多以及参数标定较复杂等原因，致使颗粒流用于黏性土中处理难度大，应用少。

第

2

章

黏着－犁沟摩擦理论

2.1　引言

目前，对于静压桩在沉桩过程和休止期内的桩－土摩擦机制的分析，大多数学者采用的是传统的库仑摩擦理论，基本上是从土体扰动、土体的固结、触变恢复等方面进行分析解释。但是仔细分析静压桩的沉桩过程可以发现，学者们主要关注的桩侧摩阻力其实是桩与土这对摩擦副的静摩擦和滑动摩擦问题，因此我们可以借鉴摩擦学中的相关理论例如黏着－犁沟理论，从另一个角度对桩侧摩阻力等问题进行解释。从摩擦学角度分析，静压桩的沉桩阶段主要以滑动摩擦为主，而休止期阶段内的复压和静载试验等主要是因为发生微小的位移，所以此阶段的桩－土摩擦主要以静摩擦为主；同时，根据文献可知，桩－土界面摩擦属于外摩擦，只有发生在土体内部的摩擦是内摩擦；另一方面，沉桩过程中孔隙水压力的存在使桩－土界面的摩擦属于湿摩擦，而静载试验时因桩周孔隙水的消散桩－土摩擦由湿摩擦变为干摩擦。

从以上方面可以看出，摩擦学中的一些理论同样适用于研究静压桩的沉桩机理，它们可以为我们提供另外一种思路，可以从另一个角度进行分析，与传统理论分析相互验证，对研究桩－土界面的摩擦有重要的理论意义。

2.2　黏着－犁沟摩擦理论

考察经典的摩擦学理论，其中最符合静压桩桩－土摩擦情况的主要是黏着－犁沟摩擦理论，该理论也是目前最为流行的宏观摩擦理论。根据经典的摩擦学理论，滑动摩擦实际上就是黏着与犁沟效应的总和，因此其摩擦力包括黏着阻力 F_a 和犁削阻力 F_d，具体的公式表达如下：

$$F=F_a+F_d=\mu_a W+\mu_d W \tag{2.1}$$

式中：F——总摩擦力；

　　　F_a——黏着阻力；

　　　F_d——犁削阻力；

　　　μ_a——黏着摩擦系数；

　　　μ_d——犁削摩擦系数；

　　　W——正压力。

在静压桩的沉桩过程中，桩与土相互摩擦，正压力 W 指的是桩侧水平土压力。

2.2.1　黏着摩擦理论

黏着摩擦理论是由 Bowden 和 Tabor 在总结机械啮合理论和分子作用理论的优点与不足的基础之上，经过系统的研究和分析从而提出的一种摩擦理论。从摩擦学角度来说黏着指的是两个相互接触的物体表面在外荷载作用下首先于微凸体接触，由相互接触的微凸体承担荷载。微凸体在荷载作用下会受压屈服，产生塑性变形，在达到屈服极限后微凸体的应力不再发生改变，不断扩大两物体的接触面积从而承担更大的荷载。黏着机制示意图见图 2.1。

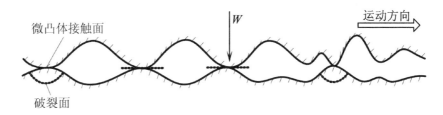

(a) 两个粗糙表面的划定接触

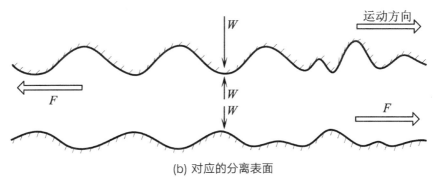

(b) 对应的分离表面

图 2.1　黏着接触示意图

从图 2.1 可以看出，各个微凸体接触点均呈现离散状态，两物体接触面的实际接触面积 A_r 一般指的是全部接触点的面积总和，因此实际接触面积 A_r 远远小于名义接触面积 A_a。在外界荷载作用下，相互接触的两个物体发生相对滑动，黏着点被剪断，之后新的黏着点又很快形成，所以滑动摩擦实际上就是黏着点的交替剪切与形成的过程。并且黏着点的剪切不是发生在相互接触的某个微凸体内部，就是发生在接触面上。

假设接触面的抗剪强度为 τ_a，实际接触面积为 A_r，则黏着摩擦阻力可以表示为：

$$F_a = \tau_a A_r \qquad (2.2)$$

式中，抗剪强度 τ_a 指的是摩擦副中较软材料的抗剪强度。

发生黏着时的黏着摩擦系数表达式为：

$$\mu_a = \frac{F_a}{W} = \frac{A_r \tau_a}{W} = \frac{\tau_a}{p_r} \qquad (2.3)$$

式中：p_r——实际平均压力。

从摩擦学的角度来看，两物体的接触面之间如果存在例如水、空气以及其他形式的润滑剂，会大幅度降低物体的摩擦系数，从而接触面的相互作用将会被大大削弱，导致的结果就是接触面的黏着强度降低，也就是说黏着点更容易被剪断，以致黏着阻力降低，具体的公式表达见式（2.4）和式（2.5）。

如果两物体的接触面局部或者全部有水的存在从而形成液膜，那么有：

$$F_a = A_r [\alpha \tau_a + (1-\alpha) \tau_l] \qquad (2.4)$$

$$\tau_l = \frac{\eta_l v}{h} \qquad (2.5)$$

式中：α ——没有液膜润滑的面积分量；

τ_l——液膜的抗剪强度平均值；

η_l——液体的动力黏度；

v ——物体的相对滑动速度；

h——接触面上液膜的厚度。

对于黏性土中静压桩的沉桩过程而言，桩与土构成了一对摩擦副，所谓摩擦副，广义上指的是相互接触的两个物体之间因为发生摩擦而组成的一个摩擦体系。从材料属性来说，预制桩属于硬质材料，土属于软质材料，在沉桩过程中，硬质材料的预制静压桩与软质材料的桩周土发生摩擦，在桩侧水平土压力的作用下，两接触面发生黏着接触，形成大量的黏着点。并且随着压桩的进行不断发生黏着点的剪切与形成，即所谓的黏着摩擦，从而产生侧阻力中的黏着阻力。

2.2.2 犁沟摩擦理论

摩擦学中的犁沟，一般指的是相互接触的两个物体中的硬质物体划过软质物体，导致接触面发生塑性变形。具体来讲主要包括两种形式：一种是表面微凸体机械锁合而产生的塑性变形和位移的微观作用；另一种是硬表面的微凸体在软表面上产生犁沟、断裂、撕裂或碎片，属于宏观作用。具体的犁沟示意图如图 2.2 所示。

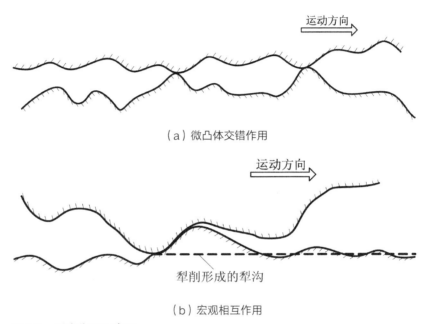

（a）微凸体交错作用

（b）宏观相互作用

图 2.2 犁沟作用示意图

在形成犁沟的过程中，接触面在经过犁削作用后可能会产生一定数量的磨粒，这些磨粒在滑动过程中在外界荷载作用下会被挤入软质物体表面并随滑动而运动，从而也会产生犁沟作用。当然，这种形式的犁沟相比较硬物体表面直接滑过软物质表面形成的犁沟来说，前者在犁沟尺寸方面远远小于后者。另一方面，根据前面介绍过的第一种形式的滑动即机械锁合作用，两物体在滑动过程中接触面会相互锁合，两者之间相互限制位移，在外界荷载作用下，较硬的物体直接剪断较软的物体从而形成犁沟。

无论是微观上的犁削作用还是宏观意义上的犁削作用，都需要产生滑动，所以这就需要一个外力也就是滑动力来维持滑动的状态。这个滑动力就是摩擦力，也就是本书中提到的侧摩阻力中的犁削阻力。

刚性微凸体或者嵌入磨粒产生犁削摩擦的硬锥体模型如图 2.3 所示，假设锥形微凸体的粗糙角或冲击角为 θ，那么物体在滑动过程中，承担摩擦力的犁削面的面积 A_d 以及承受载荷的面积 A_1 分别为：

$$A_d = \frac{1}{2}(2rd) = r^2 \tan\theta \qquad (2.6)$$

$$A_1 = \frac{1}{2}\pi \cdot r^2 \qquad (2.7)$$

所以犁削作用的摩擦系数 μ_d 可以表示为：

$$\mu_d = \frac{F_d}{W} = \frac{pA_d}{pA_1} = \frac{A_d}{A_1} \qquad (2.8)$$

式中：A_d——微凸体接触的垂直投影；

A_1——微凸体接触的水平投影；

P——屈服极限。

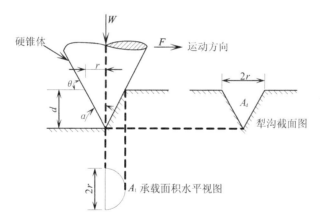

图 2.3 硬锥体微凸体在软表面上的滑动机理

根据式（2.6）~式（2.8）可推得：

$$\mu_d = \frac{2\tan\theta}{\pi} \qquad (2.9)$$

如果采用锥体的半顶角 $\alpha = 90° - \theta$ 来表达，那么上式可改写为：

$$\mu_{d} = \frac{2\cot\alpha}{\pi} \tag{2.10}$$

实际情况中，微凸体相对于水平面的粗糙角都很小，所以产生的犁削力分量也较小。但是这是在忽略了微凸体在表面滑动时的材料堆积作用。具体来说就是滑动过程中产生的磨粒可能具有很大的尖角，它们的粗糙角很大，因而产生的犁削力分量也很大。

在黏性土静压桩的沉桩过程中，作为硬质材料的预制桩身不断与软质材料的土层发生滑动摩擦，桩身表面的微凸体在桩周土层中不断犁削产生犁沟作用，从而引起了本书中所提到的桩侧摩阻力中的犁削阻力。

2.3 黏着–犁沟理论在桩侧摩阻力研究中的应用

静力沉桩过程中桩侧摩阻力的分布主要包括两种模式：一种是经验性的滑动摩擦模式，基于桩周土体的扰动及侧摩阻力退化效应，沉桩过程中桩侧摩擦力的分布形式可划分为 L1、L2、L3 三段，上段因压桩晃动影响，摩阻力等于零或很小，中段由于摩阻力退化数值居中，下段最大；另一种模式是从摩擦学的角度进行分析，在犁削作用和水膜（泥浆膜）的作用下，桩的不同深度摩擦形式不尽相同，桩侧摩阻力整体上也呈上小下大的分布模式。桩侧摩阻力的分布如图 2.4 所示。

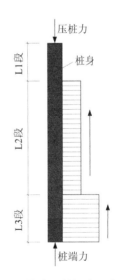

图 2.4 静力沉桩侧摩阻力分布

图 2.4 中，L1 段为桩刚入土段，桩身较为晃动，从而对桩周土的重复犁削作用持续且强烈，使桩土之间产生加大缝隙，产生泥浆水膜，造成两者的分离，最终导致黏着力和犁沟力基本丧失，单位侧摩阻力主要为泥水内摩擦力，可表示为：

$$F_{1} = A_{r}\tau_{1} = A_{r}\frac{\eta_{1}v}{h} \tag{2.11}$$

式中：F_1——泥水内摩擦力；

A_r——泥浆桩段的单位接触面积；

τ_1——泥水膜的抗剪强度平均值；

η_1——液体动力黏度；

v——滑动速度（压桩速度）；

h——液膜厚度。

L2 段在桩身中部，因桩身晃动产生的重复犁削作用较弱，且泥浆水膜厚度变薄，产生了一定的犁沟阻力，但因泥浆膜的存在使得黏着阻力基本丧失，此时的桩侧摩阻力主要是犁沟力和泥水内摩阻力，可表示为：

$$F_2 = F_d + F_1 = \mu_d W + F_1 = \frac{2}{\pi} \cot \alpha \cdot W + F_1 \qquad (2.12)$$

式中：F_d——犁沟阻力；

μ_d——犁沟摩擦系数；

W——正压力；

α——硬微凸体圆锥半顶角。

L3 段为桩身下段，桩身对土体的重复犁削作用最弱，且泥浆水膜最薄（甚至消失），泥水内摩擦力基本丧失，而黏着阻力和犁沟阻力增大，故此阶段桩侧摩阻力主要包括黏着力和犁沟力，可表示为：

$$F_3 = F_a + F_d = \mu_a W + \mu_d W = \frac{\tau_a}{H} \cdot W + \frac{2}{\pi} \cot \alpha \cdot W \qquad (2.13)$$

式中：F_3——黏着摩阻力；

μ_a——黏着摩擦系数；

τ_a——黏着剪切强度；

H——土的硬度。

上述公式中的诸多参数，例如液膜厚度 h、黏着剪切强度 τ_a、土的硬度 H、硬微凸体的半顶角 α 等较难测定，故本书主要运用黏着 – 犁沟理论对桩 – 土摩擦进行定性分析。

2.4 干摩擦和湿摩擦

在摩擦学的理论中，摩擦是两个相互接触的固体表面产生滑动或滚动时所遇到的阻力，常见的摩擦有干摩擦和湿摩擦两种类型。干摩擦指的是两个干燥表面发生相对运动或者有相对运动趋势时的接触力切向分量，也叫库仑摩擦；湿摩擦是指两接触面之间有足够的液体致使两个表面不直接发生接触的摩擦。简单讲干摩擦就是没有水等液体润滑状态下的摩擦，而湿摩擦就是在有润滑状态下的摩擦形式。

在实际的静压桩沉桩过程中，不断下沉的预制桩与桩周土不断发生黏着点形成的剪切以及犁沟作用，会对桩周土体产生剧烈的剪切作用，土体中的孔隙水受到扰动后会被排出土体，聚集在桩周附近，从而造成桩周孔隙水压力的上升，在桩周附近形成水膜或者当黏着和犁沟产生大量土粒时会形成泥浆膜，此种情况下桩与土的摩擦会变成上述的湿摩擦，而湿摩擦又会减弱黏着点的粘结作用，因此桩侧摩阻力的数值在湿摩擦状态下会低于进行静力触探得到的结果。需要注意的是，实际工程的场地地层一般是成层分布的，有硬质土层也有相对较软的土层，这就会造成桩在下沉过程中会穿过不同硬度的土层，从而导致水膜或者泥浆膜厚度发生改变，有时水膜或泥浆膜甚至会消失，所以说沉桩实际就是一个干摩擦和湿摩擦不断变换的过程。

另外，沉桩结束后的休止期内进行的竖向抗压静载试验，因为在沉桩结束后桩周聚集的孔隙水会逐渐被桩周土体吸收，水膜或泥浆膜也随之消失，摩擦状态由沉桩时的湿摩擦转变为现在的干摩擦，从而导致出现由静载得到的桩基承载力会远远大于沉桩时的终压力的现象。

2.5 静摩擦和滑动摩擦

根据摩擦学理论，当两个固体受外力作用相互接触时，施加一个切向力 F，触发固体运动的切向力是静摩擦力，记为 F_s，它出现于界面产生相对运动之前的数微秒瞬间。维持相对运动所需的切向力是动摩擦力，记为 F_k。静摩擦力大于或等于动摩擦力。

对于实际的沉桩过程而言，桩身下沉属于动摩擦；而休止期内的静载试验因为发生微小位移，所以属于静摩擦范畴。根据上文提到的摩擦理论，静载试验的承载力一般高于压桩时的压桩力。

2.6 内摩擦和外摩擦

摩擦学中将外摩擦定义为只与接触面相关而与固体内部无关的摩擦状态，相应的内摩擦指的是流体内部因相对移动引起的摩擦。

考虑到磨损的相关概念，磨损是两个相互接触的固体表面在滑动、滚动或冲击运动中的表面损伤或脱落，它是摩擦副的一种系统响应。磨损包括黏着磨损、磨粒磨损、疲劳磨损、冲击磨损、化学磨损、电弧感应磨损六种形式，其中，黏着磨损和磨粒磨损是主要的磨损形式。黏着磨损主要是指滑动时接触点发生剪切致使产生碎片，碎片又在滑动过程中黏结到接触面上的反复过程。黏着磨损可能发生在干摩擦中，也可能发生在湿摩擦中。从材料方面来说，软质材料更可能产生磨粒，且其尺寸往往大于硬质材料产生的磨粒。磨粒磨损一般指硬粗糙表面或硬颗粒在软表面上滑动时产生的塑性变形或断裂引起的表面损伤。磨粒磨损包括两种情况，第一种是两体磨粒磨损，即两个接触摩擦表面一个是硬表面，一个是软表面的磨损；第二种是三体磨粒磨损，也就是在两接触面之间有其他物质，一般是指滑动产生的小颗粒，它们硬度较高，可使一个或两个表面均产生磨粒磨损。在实际情况中，在滑动开始阶段主要是黏着磨损，等到小颗粒（磨粒）较多的时候就是三体磨粒磨损。

综合以上摩擦学的相关理论，结合本书涉及的静压桩沉桩过程，可以看出静压桩在沉桩阶段以及沉桩结束后拔出时桩身带有泥皮的现象一般属于外摩擦状态，也就是桩－土之间的摩擦属于外摩擦。具体讲就是在沉桩或者沉桩结束拔桩过程中带有泥皮的现象虽然看起来属于土与土的内摩擦，但是这只是严格按照内外摩擦的概念定义的。考虑到磨损的概念，我们可以发现桩身带有的泥皮主要是桩与土在滑动过程中的黏着磨损和磨粒磨损所致，泥皮是由桩身撕裂桩周土体产生的土颗粒组成，所以说桩－土摩擦实质上属于外摩擦。

第

3

章

室内静力压桩模型
试验

3.1　引言

　　静力压桩的现场试验虽然最能反映桩的实际受力状态，但是试验过程繁琐、耗费资金大、土层复杂多变、不可控因素多，所以目前采用现场试验对静压桩进行研究的资料相对较少。而室内试验既可以避免上述现场试验的缺点，又具有可重复操作性、影响因素少等优点，在静压桩研究中的应用逐渐增多。因此，本书为研究静压桩的承载机理，借助青岛理工大学研制的模型桩试验系统进行了黏性土中大比例的室内沉桩试验和单桩竖向抗压静载试验，对沉桩过程中的桩身应力、桩侧摩阻力、桩-土界面处径向土压力和孔隙水压力、超孔隙水压力等随沉桩深度的变化进行研究及分析，同时也研究了沉桩后静载试验过程中的桩身及桩-土界面的应力变化。

3.2　室内模型试验的目标

　　本次进行大比例室内模型沉桩试验及后期的静载试验，主要包括以下几个目标：

　　（1）通过静力沉桩的模型试验，研究不同桩长、不同直径以及不同桩端形式下的管桩压桩力、桩侧摩阻力、桩端阻力、径向土压力和孔隙水压力等的变化；

　　（2）沉桩结束后进行单桩竖向抗压静载试验，得到了破坏荷载作用下管桩的荷载-沉降曲线，且分析了其变化规律；同时分析了不同竖向荷载作用下管桩的桩侧摩阻力、径向土压力和孔隙水压力等的变化规律。

3.3　试验系统简介

　　试验场地位于青岛理工大学动力试验中心，试验所用仪器为理工大学研制的大比例模型试验系统，如图 3.1 所示。该试验

图 3.1　大比例室内模型试验系统

装置主要由数据采集系统、加载系统和模型箱三部分组成，下面进行具体介绍。

3.3.1 数据采集系统

此次试验中的数据采集主要包括压桩力、桩端阻力、桩身轴力、桩－土界面土压力和孔隙水压力，所用仪器主要是 FS2200RM 光纤光栅解调仪、CF3820 高速静态信号测试分析仪以及 DH3816N 静态应变采集仪，分别如图 3.2~ 图 3.4 所示。

FS2200RM 光纤光栅解调仪主要采集沉桩过程中的压桩力、桩身轴力，DH3816N 静态应变采集仪采集桩端阻力，CF3820 高速静态信号测试分析仪采集桩－土界面处的土压力和孔隙水压力，其余例如压桩过程中的总动侧摩阻力、超孔隙水压力等数据可根据上述采集数据计算得出。FS2200RM 光纤光栅解调仪和 CF3820 高速静态信号测试分析仪以及 DH3816N 静态应变采集仪构成了此次试验的数据采集系统，能够较真实且全面地获取静力压桩过程中管桩的受力状态。

图 3.2　FS2200RM 光纤光栅解调仪

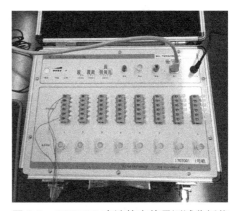

图 3.3　CF3820 高速静态信号测试分析仪

图 3.4　DH3816N 静态应变采集仪

3.3.2 加载系统

室内模型试验的加载系统主要由电控系统、液压千斤顶、横梁和反力架、静载控制系统等组成，如

图 3.5 所示。电控系统可以实现
控制加载横梁前后移动以及液压
千斤顶的左右移动，可以准确地
对准压桩位置，从而进行压桩。
静载控制系统主要包括 RS-JYB
静载试验主机和液压油泵，可以
实现稳定加压，使液压千斤顶逐
渐下落，保证静力沉桩的连续性
和稳定性，较大程度地贴合现场
实际压桩。

图 3.5　试验加载系统

图 3.6　试验模型箱

3.3.3　模型箱系统

　　室内模型试验系统中的模型
箱尺寸为 3 m×3 m×2 m（长 ×
宽 × 高），由钢板焊接而成，
相比其他学者的试验，比例较大；模型箱的正面有一钢化玻璃窗，便于观
察沉桩过程，如图 3.6 所示。模型箱的尺寸既可以避免沉桩时的边界效应，
又可以同时进行多根模型桩的静力沉桩试验，实用性较强。

3.4　试验土样的制备

　　室内模型试验所用的土样取自青岛某住宅工程现场，现场地基土如图
3.7 所示。根据试验要求，试验用土样取自现场地基的粉质黏土层，该层土
样呈灰褐色～灰色，介于流塑～软塑状态，无摇振反应，稍具光泽反应，干
强度中等，韧性中等，局部混约 10% 粉砂或夹薄层粉砂，含多量有机质、
贝壳碎屑及腐殖质，有腥臭味。将现场土样运送到学校试验场地后，采用装
载机将土样分层放入模型箱中，然后采用人工压实与机器振实相结合的方
法，将模型箱中的土样分层振实均匀，以满足试验要求，振实操作如图 3.8
所示。待土样振实均匀后，在其表面喷洒适量水分，保证试验土样水分的

（a）远景图　　　　　　　　　　　　（b）近景图

图 3.7　现场地基土

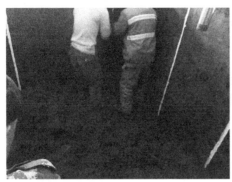 

（a）人工压实　　　　　　　　　　　　（b）机器振实

图 3.8　地基土的振实

均匀性，同时在土样表面覆盖多层薄膜，防止水分的流失。之后静置大约30d，正式进行压桩试验。

　　在正式进行室内压桩试验前，对模型箱中的土样进行采样，根据《土工试验方法标准》GB/T 50123—2019 进行了一系列室内土工试验，测定了其相关的物理力学参数，具体参数见表3.1。

土样物理力学参数　　　　　　　　　表 3.1

相对密度 d_s	重度 γ (kN/cm³)	含水率 w(%)	液限 w_L(%)	塑限 w_p(%)	塑性指数 I_p(%)	黏聚力 c(kPa)	内摩擦角 φ(°)	压缩模量 E_{s1-2} (MPa)
2.73	18.0	34.8	34.8	21.2	13.5	14.4	8.6	3.3

3.5　模型桩介绍

本次室内试验总共进行 4 根模型桩的静力压桩试验，经过材料比选，选择采用铝制材料制作模型桩。4 根模型桩包括双壁和单壁管桩两种形式，两种管桩的管壁厚度均为 3 mm，其中因 TP2 管桩需在桩端安装轮辐传感器，故安装完毕后的总长度为 1200 mm，其余管桩长度均为 1000 mm。为形成对比分析，本次试验中的模型桩桩端形式分为开口和闭口。无论是开口桩端形式还是闭口桩端形式（试桩 TP2 由轮辐压力传感器形成闭口桩端），均通过内六角螺栓与管桩桩端相连，既操作简便又保证了两者连接的紧密性。开口桩端处内管与底座之间有微小缝隙，为防止沉桩过程中进入黏土影响测试效果，使用密封胶进行填充密封。管桩的具体参数见表 3.2，双壁模型管桩的结构示意图如图 3.9 所示。

模型管桩参数表　　　　　　　　　　　　　　表 3.2

试桩编号	外径（mm）	内径（mm）	桩端形式	弹性模量（GPa）	泊松比
TP1	140	80	开口	72	0.3
TP2	140	100	闭口	72	0.3
TP3	140	80	闭口	72	0.3
TP4	100	—	闭口	72	0.3

注：表中"—"表示试桩 TP4 没有内径，为单壁管桩。

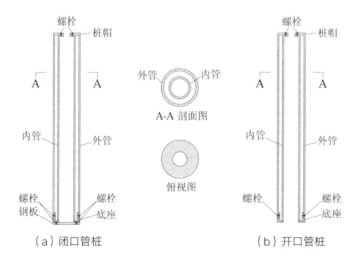

（a）闭口管桩　　　　　　　　　　（b）开口管桩

图 3.9　双壁模型管桩结构示意图

在进行模型管桩制作过程中，根据试验要求需要在管桩表面安装光纤光栅传感器量测桩身应力以及需要安装土压力和孔隙水压力传感器测量桩侧土压力和孔隙水压力，考虑到如果直接在桩身表面粘贴安装传感器，不仅在沉桩过程中因为传感器突出桩身表面容易损坏其本身，而且各个传感器的数据线也不

图 3.10　管桩内壁空心圆柱套

易排布，同时基于尽可能减小对模型管桩桩身的破坏的原则，在桩身表面用机器开了一条 2 mm×2 mm（宽度 × 深度）的浅细槽，同时在桩身不同位置根据传感器直径开凿多个圆孔。为牢固安装传感器，在管桩内壁相应圆孔处焊接了微小的圆柱套筒，便于涂抹环氧树脂以粘贴传感器，如图 3.10 所示。

3.6　传感器的介绍与安装

本次室内模型试验共安装使用了 5 种传感器，分别是光纤光栅传感器、温度自补偿压力传感器、轮辐式压力传感器、土壤压力传感器和孔隙水压力传感器，通过以上几种传感器的综合运用，可以较为准确真实地测得静力沉桩及静载试验过程中的桩身及桩 – 土界面的应力状态。

3.6.1　光纤光栅传感器

试验中使用的光纤光栅传感器为深圳市简测科技有限公司生产的 JMFSS-04 增敏微型光纤光栅传感器（以下简称 FBG 传感器），其主要由光纤光栅、夹持套筒、尾纤以及 FC 接头组成，如图 3.11 所示。

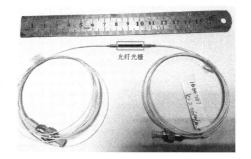

图 3.11　增敏微型 FBG 传感器

FBG 传感器尺寸微小，受外界环境影响小，且便于安装，符合本次试验的要求。FBG 传感器的部分参数见表 3.3。其中传感器的中心波长未在表中详细列出。

增敏微型 FBG 传感器参数表　　　　　　　　　　　表 3.3

参数类型	波长间隔(nm)	中心波长 (nm)	量程 （με）	分辨率(με)	使用温度(℃)
数值大小	±3	1510~1590	±1500	1	−30~120

FBG 传感器的安装采用了 704 硅橡胶粘贴的方式，这种方式操作简便。根据试验设计，模型桩 TP1 需要在内管和外管各粘贴安装 6 个 FBG 传感器，总共 12 个传感器；模型桩 TP2~TP4 分别只在外管粘贴 6 个 FBG 传感器。试桩 TP1 内管传感器的安装较为简单，直接用 704 胶在指定位置粘贴即可。而外管传感器的安装相对复杂，管桩在制作的时候就在外管表面开了一条 2 mm×2 mm（宽度 × 深度）的浅槽，用来安装 FBG 传感器。FBG 传感器在安装时，要先粘贴住其一端，用棉棒分别夹住光纤光栅两端，然后移动未胶结的另一端，进行预拉伸。进行预拉伸的原因是 FBG 传感器设计时主要受拉，如果用来量测压应力，量程不足，所以要进行预拉伸扩大量程，防止传感器的损坏，如图 3.12 所示。4 根试验模型管桩 FBG 传感器的安装位置均相同（管桩 TP1 内外管传感器位置相同），沿管桩桩身方向总体呈下密上疏分布，从桩端到桩顶传感器编号依次为 1 号 ~ 6 号，1 号传感器距桩端 5 cm，其余传感器两两之间的距离依次为 5 cm、10 cm、20 cm、20 cm、30 cm，6 号传感器距桩顶 10 cm，其中模型桩 TP2 因在桩端安装有轮辐式压力传感器，故 1 号传感器到桩端的距离为 25 cm，模型桩传感器之间的距离如图 3.13 所示。FBG 传感器全部安装结束后使用 FS2200RM 光纤光栅解调仪检测其成活率，结果显示传感器全部成

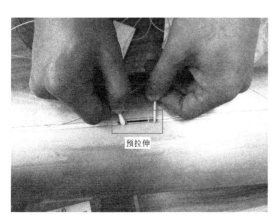

图 3.12　FBG 传感器的预拉伸

活。待传感器安装检测完毕后使用环氧树脂胶进行封装，其表面与桩身表面齐平，尽量减少影响试验数据的因素，如图 3.13 所示。

3.6.2 温度自补偿压力传感器

温度自补偿压力传感器主要是用于量测沉桩过程中的桩顶压桩力。该压力传感器的尺寸较小，直径大约是 70 mm，高度约为 25 mm，量程为 1MPa，符合试验要求，具体如图 3.14 所示。该传感器安装简便，不需要与模型桩进行紧密连接，只需在开始压桩之前将其对准桩顶中心水平放置在桩顶即可。并且这种传感器的采集设备也是使用光纤光栅解调仪，这就减少了采集设备的种类，可以降低试验过程中采集设备的多样性，便于规划管理。

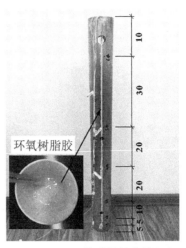

图 3.13　FBG 传感器的安装距离及表面封装（单位：cm）

图 3.14　桩顶温度自补偿压力传感器

3.6.3 轮辐式压力传感器

根据试验设计要求，本次试验过程中需要准确量测桩端阻力，从而实现桩侧摩阻力和桩端阻力的分离，因此选用可旋转式轮辐式压力传感器进行量测，传感器示意图见图 3.15。

轮辐式压力传感器的安装相对较为复杂，为了保证测量的准确性，需要排除桩周土体的影响，所以试验中在桩端安装有隔土套筒，用来分离土体，套筒高度大约 20 cm。在安装之初，将隔土套筒用内六角螺栓与桩端相连，之后同样使用螺栓将压力传感器与桩端紧密连

图 3.15　轮辐式压力传感器

（a）俯视图　　　　（b）侧面图

图 3.16　安装完成后的轮辐式压力传感器

接，安装后的传感器略低于隔土套筒，在进行压桩前其底端用一同直径的薄钢板封装，以扩大传感器的受力面积，使其与未安装轮辐式传感器的管桩桩端受力面积相同，同时也是为了确保传感器受力均匀。安装完成后的轮辐式压力传感器如图 3.16 所示。

3.6.4　土压力传感器和孔隙水压力传感器

本次室内试验设计的一个创新点就是实现了直接量测桩 – 土界面处的径向压力（包括桩侧土压力和孔隙水压力等），为实现这一目标，采用了在模型桩桩身开孔安装硅压阻式土压力传感器和孔隙水压力传感器的手段。土压力传感器和孔隙水压力传感器均为圆柱体结构，尺寸相近，直径约为 20 mm，高度约为 12 mm，如图 3.17、图 3.18 所示，具体参数见表 3.4。土压力传感器主要由硅晶片、观测电缆以及金属保护外壳组成；孔隙水压力传感器的组成与土压力类似，只是在其表面多了一层薄透水石。两种传感器的设计采用了应变全桥电路，可准确地消除温度变化对测试的影响。

图 3.17　硅压阻式土压力传感器　　　图 3.18　硅压阻式孔隙水压力传感器

技术参数	型号	动态频响（kHz）	精度（%）	工作电压（V）	桥路类型
土压力传感器	CYY9	2000	0.1	10	全桥
孔隙水压力传感器	CYY9	2000	0.1	10	全桥

硅压阻式土压力传感器和孔隙水压力传感器的安装基本相同。为安装方便，同时也为了牢固粘贴，在桩身对应位置开凿孔洞，并在其对应管内壁处焊接了与传感器直径相同的圆柱套管，安装之初先将每个传感器的数据线穿过孔洞引出管桩，然后将传感器周边均匀涂抹环氧树脂后放入对应孔洞，并在管桩内用透明胶带将传输线归拢粘贴在管桩内侧，待环氧树脂凝固后在传感器周圈涂抹 704 胶密封防水，传感器安装前后如图 3.19 所示。在涂抹环氧树脂前后，使用 CF3820 高速静态信号测试分析仪检测传感器的成活率，结果表明传感器全部成活。其中土压力传感器和孔隙水压力传感器的传输线未直接穿出桩顶，而是分别从其最上方靠近桩顶的桩身预留出线口处集体引出，这样做的目的是防止静力压桩时千斤顶直接与传输线接触从而将其损坏。土压力传感器和孔隙水压力传感器在沿桩身方向的分布与前文提到的 FBG 传感器的安装距离相同，从桩端到桩顶传感器编号依次为 1 号 ~6 号，1 号传感器距桩端 5 cm，其余传感器两两之间依次相距 5 cm、10 cm、20 cm、

（a）安装前　　　　　（b）安装土压力传感器后　　（c）安装孔隙水压力传感器后

图 3.19　土压力和孔隙水压力传感器安装前后对比图

20 cm、30 cm，最顶端的 6 号传感器距桩顶 10 cm，其中模型桩 TP2 因在桩端安装有轮辐式压力传感器，故 1 号传感器距桩端 25 cm。土压力传感器、孔隙水压力传感器和 FBG 传感器安装在同一水平截面上，三者呈 120°均匀分布。

在正式进行试验之前，需要将孔隙水压力传感器表面的透水石用水浸润、饱和，以便沉桩时能够准确迅速地量测出桩 – 土界面的孔隙水压力。

3.7 试验内容

本次室内模型试验共分为两部分，一是静力沉桩试验，二是沉桩结束后一段时间进行了竖向抗压静载试验。尽可能全面地模拟静压桩的施工全过程，以量测桩的真实受力状态。

3.7.1 静力沉桩试验

静力沉桩试验是在地基土制备完成后大约 30d 进行的，并且试验前采集土样进行了一系列室内土工试验，试验结果表明此时试验土样的含水率等条件已达到试验要求，可以进行静力沉桩试验。

3.7.1.1 静力沉桩试验方案设计

为了充分模拟静力沉桩过程及后期的静载试验中不同深度处的土压力、孔隙水压力、超孔隙水压力和有效土压力等的分布情况，试验设计共进行 4 根模型桩的沉桩试验，各试桩试验方案见表 3.5。

试桩试验方案表 表 3.5

试桩编号	总桩长(mm)	管桩外直径(mm)	桩端形式	沉桩深度(mm)	沉桩速度(mm/min)
TP1	1000	140	开口	900	300
TP2	1200	140	闭口	1100	300
TP3	1000	140	闭口	900	300
TP4	1000	100	闭口	900	300

其中只在试桩 TP2 的桩端安装有一高度大约为 20 cm 的轮辐式压力传感器，所以其桩长约为 1200 mm，其余试桩安装传感器的种类及数量见表3.6，传感器安装后的 4 根试桩实景图如图 3.20 所示。

试桩传感器安装表 表3.6

试桩编号	FBG传感器（个）	桩顶压力传感器（个）	桩端轮辐式压力传感器（个）	硅压阻式土压力传感器（个）	硅压阻式孔隙水压力传感器（个）
TP1	12	1	—	6	6
TP2	6	1	1	6	6
TP3	6	1	—	—	—
TP4	6	1	—	—	—

注：表中"—"表示对应试桩未安装该传感器。

3.7.1.2 桩位的选择

模型试验存在边界效应，即当桩与模型箱侧壁的距离较小时，模型箱侧壁对箱中土体有较强的约束作用，土体的受力和变形会受到一定影响，从而降低试验结果的准确性。通过查阅相关文献可知：当桩距模型箱侧壁的距离 L 与桩径 D 之比大于 3（即 $L/D > 3$）时，可以不考虑模型箱的边界效应。同时，根据《建筑桩基技术规范》JGJ 94—2008 可知：基桩的最小中心距为 $4D$。鉴于以上影响范围，结合模型箱尺寸，试验初步选定模型箱地基土表面的四角及其中央共五个点作为预备压桩位置，最后从中选择了四个点位进行压桩试验，如图 3.21 所示。每根管桩中心之间及其距模型箱内侧壁的距离见图 3.21，其中模型箱平面的净尺寸为 2800 mm × 2800 mm（长 × 宽）。

从图中可以看出：最外侧桩位中心距模型箱侧壁的距离为 900 mm（即为 6.5 D），

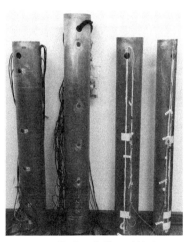

图 3.20 传感器安装后试桩实景图

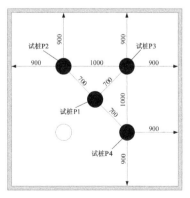

图 3.21 桩位及其中心间距布置图（单位：mm）

基桩之间的最小中心距离为 700 mm（约为 5 D）；并且四根模型桩沉入地面以下的最大深度为 1100 mm，根据填土高度可知桩端距模型箱底部约 700 mm（约为 5 D），综上所述，本次试验可以不考虑模型箱的边界效应。

3.7.1.3 试验的加载及量测

静力沉桩试验过程中首先通过电控系统将加载横梁上的液压千斤顶移动到指定桩位，然后打开静载试验主机，通过油泵控制千斤顶上升到一定高度，将试桩直立放到待压桩位，使用磁性盒式水平尺吸附在管桩桩身表面上确定管桩是否垂直，防止发生偏心受压。待确定管桩直立后，再次通过静载试验的主机控制油泵进行加压，使液压千斤顶缓慢匀速下降直至将要接触管桩桩顶时停止加压。

将 FBG 传感器、土压力传感器、孔隙水压力传感器、桩顶压力传感器等的传输线依次与其对应的采集仪器连接，待确认连接无误且参数调整完毕后，在正式进行压桩试验前进行数据采集。试验主要通过油泵加压使千斤顶逐渐降落，从而实现静力沉桩，如图 3.22 所示。沉桩速度约为 300 mm/min；鉴于液压千斤顶的行程有限，整个沉桩过程分两次完成，中间有一次停顿以增加千斤顶的下落高度。

（a）管桩就位 　　　　（b）沉桩过程

图 3.22　静力沉桩过程

3.7.2　单桩竖向抗压静载试验

3.7.2.1　静载试验的加载方式

在静力沉桩结束后约 30 d，对模型桩进行了静载试验，量测并分析了静载试验的荷载 – 沉降曲线、桩身应力及桩 – 土界面的应力分布。静载试验采

（a）电动伺服加载系统　　　　　　　　（b）控制主机

图 3.23　静载试验加载系统

用电动伺服加载系统，由主机控制进行加载，如图 3.23 所示。试验过程中的竖向压力和管桩沉降变形由伺服加载系统直接量测并可以通过电脑显示屏直接进行观看，无需使用静载试验主机以及在桩侧安装位移传感器。

3.7.2.2　静载试验加载分级

按照《建筑基桩检测技术规范》JGJ 106—2014 的相关规定，试验采用分级且逐级等量加载的方式，根据前期静力压桩的情况，初步将每级加荷量定为 0.7 kN，首级加载量为 1.4 kN，每级荷载保持 1 h，当桩顶沉降量相对稳定时施加下一级荷载。根据规范规定，当某一级荷载下管桩沉降量超过前一级的 2 倍且长时间未达到相对稳定状态，可停止加载，结束试验。

3.7.2.3　静载试验量测

静载试验的数据量测内容主要包括荷载 – 沉降曲线（Q–s 曲线）、桩身应力、桩侧摩阻力、桩侧土压力和孔隙水压力等。其中 Q–s 曲线直接由伺服系统电脑主机给出，其余应力的采集与沉桩过程相同，可通过桩身轴力计算得到桩侧摩阻力的分布。所使用的采集仪主要是 FS2200RM 光纤光栅解调仪和 CF3820 高速静态信号测试分析仪。

3.8 试验传感器安装保证

1.FBG 传感器

FBG 传感器体积小，易受损坏，所以在安装过程中应小心谨慎，安装前应使用酒精和棉球将安装槽擦洗干净；尾纤与光纤光栅是通过熔接方式连接的，在安装走线过程中要避免过度拉扯，造成尾纤与光纤光栅的脱离，影响FBG 传感器的成活率；在粘贴固定传感器时，需要对光纤光栅进行预拉伸以增加其受压量程，主要步骤是先固定一端，然后用棉棒夹持两端稍微用力拖动传感器未粘结的一端，观察解调仪中的波长数值，当波长增长 2 nm 左右时，停止预拉伸，用胶水粘结固定自由端；FBG 传感器的 FC 接头容易受到污染，在将其与解调仪的接线口连接前应使用酒精和棉球将其擦洗干净，再进行连接，保证数据量测的准确性。

2.桩顶压力传感器

桩顶压力传感器使用简便，在压桩前将其放到桩顶，应对准桩顶中心位置，防止其偏心导致压桩过程中受力不均匀。

3.土压力传感器和孔隙水压力传感器

土压力传感器和孔隙水压力传感器在涂抹环氧树脂胶时应均匀满布，防止凝固后出现传感器与管桩粘结不紧密的情况，影响测试效果；在进行压桩前需将孔隙水压力传感器表面的透水石用清水浸透，这样在压桩过程中可以直接量测到桩 – 土界面孔隙水压力。

第

4

章

室内静力沉桩试验
结果及分析

4.1 引言

目前，针对静压桩开展的室内静力沉桩试验主要量测并分析了沉桩过程中的桩身应力与桩侧摩阻力的分布以及侧向土体位移的变化规律，也有部分学者研究了桩周土压力和孔隙水压力的分布情况，其中量测沉桩过程中的土压力和孔隙水压力采用的研究手段基本都是在桩周土体的不同深度处埋设土压力计和孔隙水压力计。但是这种布设传感器的研究手段只是测得了桩周土体的应力，然后推测得到桩－土界面处的土压力和孔隙水压力，并不是直接实际量测的，因此，有一定的差异性。另一方面，当前大多数的学者对桩－土之间摩擦的分析主要是以库仑理论为主，并未将黏着－犁沟等摩擦学理论引入。

本书在前人研究的基础之上，同时也为了量测真实的桩－土界面的土压力和孔隙水压力，分析其与桩基承载力特别是桩侧摩阻力的关系，同时基于硅压阻式压力传感器的优越性，试验采用了在管桩桩身表面安装多种传感器（包括 FBG 传感器、微型硅压阻式土压力传感器和孔隙水压力传感器等）的研究手段，直接测得了桩－土界面的侧摩阻力、土压力和孔隙水压力等。并且将摩擦学中适合解释桩－土摩擦的理论引入分析，主要包括黏着－犁沟理论、干湿摩擦理论、内外摩擦理论等，采用上述理论对桩侧摩阻力等进行定性分析，为静压桩摩擦机制的研究提供新思路。

4.2 试验数据处理

静力沉桩过程及后期进行的静载试验数据处理主要包括桩顶温度自补偿压力传感器和 FBG 传感器数据的处理，其余数据可直接由采集仪得出，无需计算。

1. 温度自补偿压力传感器数据处理

静力沉桩过程中的压桩力是由温度自补偿压力传感器测得的，FS2200RM 光纤光栅解调仪测得其总波长差与温度波长差，试验过程中温度基本没有变化，可忽略其影响，然后按照式（4.1）计算得到总压力，即为沉桩过程的压桩力 F。

$$F=\frac{\Delta \lambda_B}{K_f}A \qquad (4.1)$$

式中：F——压桩力（kN）；

$\Delta \lambda_B$——波长差（nm）；

K_f——光纤光栅压力传感器灵敏度系数（nm/MPa）；

A——桩身横截面面积（mm^2）。

2.FBG 传感器数据处理

试验过程中通过在桩身表面粘贴 FBG 传感器来量测桩身轴力，并通过轴力计算得到桩侧单位摩阻力。沉桩过程中使用 FS2200RM 光纤光栅解调仪测得的光纤的波长差 $\Delta \lambda_B$，由式（4.2）可计算得到应变变化值。

$$\Delta \lambda_B=(1-P_e)\lambda_B \Delta \varepsilon = K_\varepsilon \Delta \varepsilon \qquad (4.2)$$

式中：$\Delta \lambda_B$——波长差（nm）；

P_e——光栅有效弹光系数；

λ_B——光线光栅中心波长（nm），由 FS2200RM 光纤光栅解调仪采集得到；

$\Delta \varepsilon$——应变变化值；

K_ε——灵敏度系数 (pm/$\mu\varepsilon$)，由传感器出厂校准证书查得。

根据式（4.3）可得到沉桩过程中的桩身轴力 N。

$$N_i=E_c \Delta \varepsilon \cdot A_p \qquad (4.3)$$

式中：N_i——第 i 个 FBG 传感器位置的桩身轴力（kN）；

E_c——桩身混凝土弹性模量（MPa）；

$\Delta \varepsilon$——桩身应变变化值；

A_p——桩身横截面面积（mm^2）。

在处理得到沉桩过程中的桩身轴力后，通过式（4.4）和式（4.5）可计算得到静力沉桩过程中的桩侧单位摩阻力。

$$Q_i=N_i-N_{i+1} \qquad (4.4)$$

$$q_i=\frac{Q_i}{ul_i}=\frac{N_i-N_{i+1}}{\pi dl_i} \qquad (4.5)$$

式中：Q_i——第 i 截面侧摩阻力（kN）；

q_i——第 i 截面单位侧摩阻力（kPa）；

u——桩的周长（m）；

l_i——第 i 与 $i+1$ 截面之间的距离（m）；

d——桩径（m）。

4.3 静力沉桩试验结果分析

试验共进行了 4 根模型管桩的静力沉桩试验，量测了沉桩过程中的桩身应力、桩侧摩阻力、端阻力、压桩力以及桩 – 土界面的土压力和孔隙水压力等，全面研究分析了静力沉桩过程中管桩的受力状态。

静力沉桩过程中，通过桩顶压力传感器直接监测了整个沉桩过程中的压桩力变化过程，试桩 TP2 的桩端阻力由安装在其端部的轮辐式压力传感器直接量测，其余试桩的桩端阻力取其靠近桩端的 1 号 FBG 传感器的数值，整个沉桩过程中的总桩侧摩阻力由压桩力与桩端阻力相减得到，4 根试桩的沉桩过程全荷载曲线如图 4.1~ 图 4.4 所示。

从图 4.1~ 图 4.4 可以看出：试验过程中 4 根试桩的压桩全过程压力等荷载随着沉桩深度的增加逐渐变大；试桩 TP2~TP3 的整体变化趋势相近，但在数值上两试桩有一定差异，分析主要是因为试桩 TP2~TP3 直径相同，均为 140 mm，并且两者均为闭口管桩，所以趋势相近。同时试桩 TP2 的端阻力由轮辐式压力传感器监测，而试桩 TP3 端阻力是近似取值于 1 号 FBG 传感器，且两者桩长不同，故两者在数值尤其是端阻力取值有一定差异。试桩 TP1 与 TP3 相比，不同之处在于 TP1 为开口管桩，在沉桩过程中会形成土塞，经过量测，土塞高度随着管桩沉桩深度的增加逐渐趋于稳定，起到类似闭口管桩的效果，但是因为土塞是逐渐形成的，所以闭口效应较弱，导致试桩 TP1 的压桩力等荷载较小。

根据图 4.1~ 图 4.4，可以整理得出每根试桩的桩端阻力、桩侧阻力占压桩力的百分比，见表 4.1。

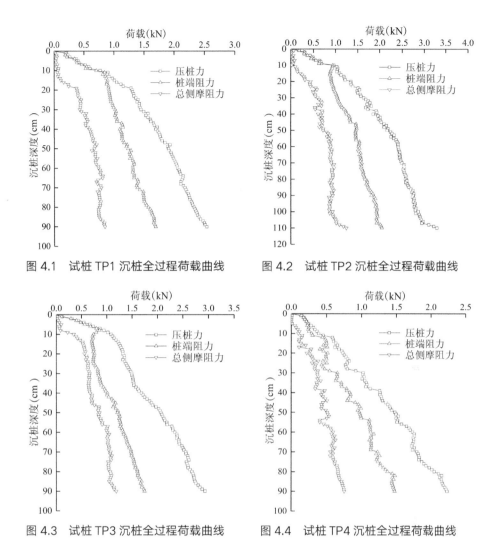

图 4.1 试桩 TP1 沉桩全过程荷载曲线　　图 4.2 试桩 TP2 沉桩全过程荷载曲线

图 4.3 试桩 TP3 沉桩全过程荷载曲线　　图 4.4 试桩 TP4 沉桩全过程荷载曲线

沉桩结束时桩端阻力、桩侧阻力占压桩力的百分比　　　表 **4.1**

试桩编号	压桩力 (kN)	桩端阻力 (kN)	百分比 (%)	桩侧摩阻力 (kN)	百分比 (%)
TP1	2.538	1.692	66.7	0.846	33.3
TP2	3.298	2.054	62.3	1.244	37.7
TP3	2.938	1.747	59.5	1.191	40.5
TP4	2.238	1.480	66.2	0.757	33.8

由表 4.1 可得：静力沉桩过程中，各试桩桩端阻力占压桩力的比例从大

到小依次为：TP1>TP2 ≈ TP3>TP4；桩侧摩阻力占压桩力的比例从大到小依次为：TP3>TP2>TP4 ≈ TP3。数据表明黏性土中的静力压桩，无论是开口管桩还是闭口管桩，无论是大直径管桩还是小直径管桩，桩端阻力占比例均超过 50%，即桩端阻力承担了大部分的荷载，压桩力中桩侧摩阻力占比较小，即桩侧摩阻力未充分发挥。

4.3.1 沉桩过程压桩力分析

静力沉桩过程中的压桩力主要由桩侧摩阻力和桩端阻力组成，试桩 TP2 的压桩力由轮辐式压力传感器量测，其余试桩的桩端阻力近似取值于桩端 1 号 FBG 传感器。通过式（4.1）~ 式（4.3）可得到整个静力沉桩过程中四根模型试桩的压桩力随沉桩深度的变化曲线，如图 4.5 所示。

从图 4.5 可以看出：试验的 4 根管桩的压桩力均随沉桩深度的增加近似呈线性增大趋势，但当沉桩深度超过 0.5 m 时，试桩 TP2、试桩 TP3 和试桩 TP4 的压桩力增长速率降低；在沉桩深度达到 0.9 m 时，压桩力从大到小依次为试桩 TP3、试桩 TP2、试桩 TP1、试桩 TP4，主要是由桩端形式及桩身直径的不同造成的。同直径的试桩 TP1、TP2、TP3，在沉桩深度 0.9m 范围内，试桩 TP1 的压桩力小于试桩 TP2 和试桩 TP3，且当沉桩深度超过 0.4 m 时现象比较明显，主要是因为试桩 TP1 是开口管桩，其余管桩均为闭口管桩，在沉桩过程中试桩 TP1 对桩周土体的剪切作用比较强，容易形成井壁效应，即桩周黏土与管桩之间有微小缝隙，从而导致桩 - 土之间的黏着与犁沟作用较弱，侧摩阻力较小；另一方面是开口管桩虽然会逐渐形成土塞，但是土塞的形成需要一个过程，并且即使土塞高度逐渐趋于稳定，也达不到闭口管桩的封闭效果，所以开口管桩的压桩力小于

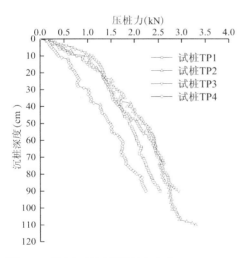

图 4.5　静力沉桩过程压桩力变化

闭口管桩。试桩 TP4 虽然是闭口管桩，但是其压桩力在相同的沉桩深度处均小于其余三根管桩。究其原因，主要是试桩 TP4 直径小，致使其桩身与黏土接触面积小，侧摩阻力小；且其桩端面积小，桩端阻力小，这就导致总体压桩力较小。

试桩 TP2 总体桩长为 1200 mm，沉桩深度为 1100 mm，其最终压桩力为 3.298 kN，比同直径且同为闭口管桩的试桩 TP3 的压桩力高出 1.12 倍。表明在相同的桩身直径及桩端形式条件下，沉桩深度（桩长）对管桩的终压力有较大影响。另一方面，对于拥有相同沉桩深度（桩长）和桩端形式（闭口）的试桩 TP3 和试桩 TP4，大直径的试桩 TP3 的沉桩最终压桩力是 2.938 kN，小直径的试桩 TP4 的终压桩力为 2.238 kN，通过对比可以发现，试桩 TP3 的终压力是试桩 TP4 的 1.31 倍，表明直径比桩端形式对沉桩终压力的影响程度更大，分析认为不同的桩端形式（开口和闭口）主要影响桩端阻力，而不同的桩身直径（同为闭口管桩）既影响桩端阻力又影响桩侧总摩阻力。

4.3.2　沉桩过程桩端阻力分析

静力沉桩过程中使用轮辐式压力传感器量测了试桩 TP2 的桩端阻力，其余管桩的压桩力近似取桩身最下端 1 号 FBG 传感器的数值，绘制的管桩桩端阻力随沉桩深度的曲线如图 4.6 所示。

由图 4.6 可以看出：在整个静力沉桩过程中，4 根管桩的桩端阻力均随沉桩深度的增加呈逐渐增长的趋势。在沉桩深度 0.9m 范围内，试桩 TP1 与试桩 TP2、试桩 TP3 的桩端阻力变化趋势相近，当沉桩深度小于 0.1 m 时，试桩 TP1 的桩端阻力小于试桩 TP2 和 TP3，主要是因为试桩 TP1 为开口管桩，在刚开始沉桩时，土塞高度较低，未完全形

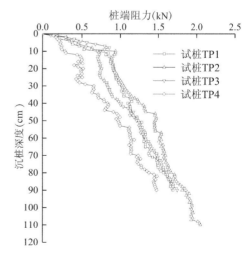

图 4.6　静力沉桩过程桩端阻力变化

成，桩端阻力均未充分发挥，故其端阻力较小；当沉桩深度大于 0.1m 时，随沉桩的进行试桩 TP1 的土塞逐渐形成，高度变化较小，桩端阻力逐渐增大，且在沉桩后期，土塞基本完全形成，闭塞效果增加，使得试桩 TP1 的桩端阻力逐渐接近试桩 TP2 和 TP3，最终在 0.9 m 沉桩深度处端阻力略小于试桩 TP2 和 TP3。

另外，静力沉桩过程中试桩 TP4 的桩端阻力在整个沉桩过程中一直小于其余 3 根试桩，且当沉桩深度大于 0.6 m 时，其桩端阻力曲线的斜率有所降低，即桩端阻力增速变缓，分析认为主要是试桩 TP4 桩径小于试桩 TP1~TP3 造成的桩 – 土接触面积较小所致。

整体看来，当沉桩深度达到 0.9 m 时，桩端阻力大小为：试桩 TP2> 试桩 TP3> 试桩 TP1> 试桩 TP4。分析原因：试桩 TP2 与 TP3 的桩端形式均为闭口，桩端支撑能力强，桩端阻力值均较大；试桩 TP1 是开口管桩，但在沉桩过程中形成稳定的土塞，作用弱于闭口管桩，故其桩端阻力略小；试桩 TP4 虽为闭口管桩，但其直径最小，桩 – 土作用面积小，所以其桩端阻力最小。从 4 根试桩的桩端阻力大小排序可以看出：对桩端阻力而言，在直径相同且沉桩深度相同的条件下，闭口管桩大于开口管桩；直径不同时，小直径闭口管桩桩端阻力小于大直径的闭口管桩和开口管桩。

4.3.3　沉桩过程桩侧摩阻力分析

静力沉桩过程中的总桩侧摩阻力由各试桩的压桩力减去桩端阻力得到，各试桩的总桩侧摩阻力随沉桩深度的变化曲线如图 4.7 所示。其中，试桩 TP1 为双壁开口管桩，为研究其内外管侧摩阻力的分布，在其内管沿桩身布置了 6 个 FBG 传感器，传感器的布设间距与外管相同，从而得到了试桩 TP1 内外管的侧摩阻力分布，如图 4.8 所示。

从图 4.7 可以看出：总体上，各试桩的总桩侧摩阻力均随沉桩深度的增加逐渐增大。分析认为：随着沉桩深度的增加，桩周土的侧压力逐渐增大，从而使桩与土之间的黏着阻力和犁沟阻力增大，最终表现为桩侧摩阻力的增大。在相同的沉桩深度处，桩侧摩阻力的大小为：试桩 TP3>TP2>TP1>TP4。这表明当桩沉入相同深度条件下，桩侧摩阻力的发挥程度开口试桩 TP1 小于

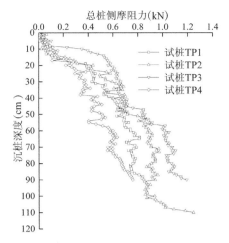
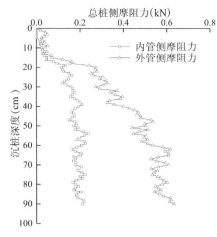

图 4.7　静力沉桩过程总桩侧摩阻力变化　　图 4.8　试桩 TP1 内外管侧摩阻力分布

同直径的闭口试桩 TP2 和 TP3，但高于直径较小的闭口试桩 TP4，主要是受到桩身直径和桩端形式的影响。

　　4 根试桩的桩侧摩阻力在沉桩深度 10 cm 范围内数值很小，基本不超过 0.1 kN。这主要是因为浅层土体在沉桩过程中因桩身晃动比较强烈，经历了长时间的犁削作用，桩 – 土之间产生一定的空隙，接触不再紧密，致使桩 – 土间的黏着作用和犁沟作用基本丧失，造成了浅部土体总桩侧摩阻力较小的现象。但是随着沉桩深度的增加，桩侧压力逐渐增大，黏着作用和犁沟作用逐渐加强，表现为桩侧摩阻力逐渐增大。

　　试桩 TP1 在沉桩深度 50 cm 范围内，总桩侧摩阻力的增长速率较快，当沉桩深度超过 50 cm 时，增长速率变缓，但桩侧摩阻力仍然呈增长趋势。究其原因，试桩 TP1 是开口管桩，在沉桩初期，土塞高度较小，桩侧摩阻力承担主要荷载，所以桩侧摩阻力增长较快；但是当沉桩达到一定深度时，土塞已稳定，高度变化很小，具备了一定的闭口管桩的效果，桩端阻力持续上升，承担了较大的压桩力，此时的桩侧摩阻力虽然持续增长，但是增速降低。同时，因试桩 TP1 为开口管桩，沉桩速度较快且连续贯入，致使桩周土体易产生"井壁效应"，相比较试桩 TP2 和 TP3，桩身黏着点的剪切增加彻底且犁沟效应更弱，所以其侧摩阻力值比试桩 TP2 和 TP3 低。

　　另一方面，根据总桩侧摩阻力可得到外侧摩阻力的分布。由图 4.8 可知，整体看来，试桩 TP1 内管侧摩阻力的变化随沉桩深度的增加在 40 cm 范围内比较明显，超过 40 cm 后侧摩阻力增加缓慢，基本保持不变；而外管在整个沉桩过程中均保持增长趋势，在 50 cm 范围内增长明显。

在整个沉桩过程中，虽然试桩 TP2 的沉桩深度大，但其侧摩阻力值总体小于试桩 TP3，停止压桩时试桩 TP2 的最大侧摩阻力值也仅比试桩 TP3 大 27.7% 左右。试桩 TP2 和 TP3 的直径相同，且同为闭口管桩，但是试桩 TP2 因桩端安装有轮辐式压力传感器，故其沉桩深度为 110 cm，大于试桩 TP3 的 90 cm。在沉桩过程中，试桩 TP2 对桩周土的剪切作用较试桩 TP3 强烈，孔隙水压力上升较快，桩 – 土之间产生一定厚度的由碎泥屑和孔隙水组成的泥浆膜，桩 – 土摩擦变成湿摩擦，且当泥浆膜厚度较大时，桩 – 土摩擦可能转变成土体内摩擦，所以两试桩在沉桩后期侧摩阻力增速变缓且总体上试桩 TP2 的侧摩阻力比试桩 TP3 低，并且两试桩在沉桩后期侧摩阻力的变化较小；但是试桩 TP2 沉桩深度比试桩 TP3 大，故侧压力大，所以在较大的沉桩深度处，侧压力使黏着作用和犁沟作用比较强烈，但因为孔隙水的影响，试桩 TP2 的侧摩阻力增加并不明显，仅比试桩 TP3 稍大。

试桩 TP4 的桩侧摩阻力在整个压桩过程中始终小于试桩 TP1~TP3，但是其侧摩阻力随沉桩深度的增加一直呈逐渐增长的趋势，且近似线性增长，表明侧摩阻力逐渐发挥。试桩 TP4 是小直径闭口管桩，在静力压桩过程中对桩周土的扰动作用相对小，桩土接触相对紧密，且孔隙水压力上升慢，黏着犁沟作用较强，所以侧摩阻力呈线性增长趋势；但因其直径小，桩身与土体接触面积小，即黏着和犁沟作用面积小，所以侧摩阻力在数值上较其余试桩低。

4.3.4　试桩桩身轴力结果分析

试验共进行了 4 根模型试桩的静力沉桩试验，其中试桩 TP1~TP3 为大直径双壁模型管桩（其中试桩 TP1 为开口管桩，试桩 TP2 和 TP3 是闭口管桩），TP4 为小直径闭口单壁模型管桩，通过式（4.1）和式（4.2）可以得到 4 根试桩在整个静力压桩过程中的桩身轴力分布曲线，如图 4.9~ 图 4.13 所示。其中试桩 TP1 是开口双壁管桩，当贯入深度分别为 10 cm、20 cm、40 cm、

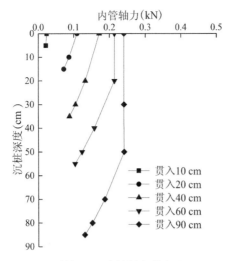

图 4.9　试桩 TP1 内管轴力分布图

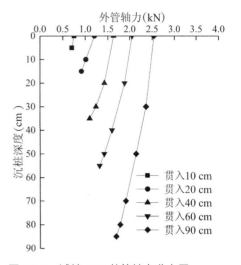

图 4.10　试桩 TP1 外管轴力分布图

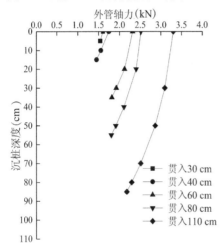

图 4.11　试桩 TP2 外管轴力分布图

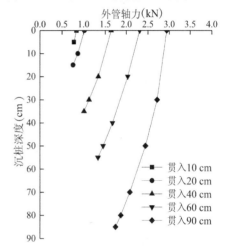

图 4.12　试桩 TP3 外管轴力分布图

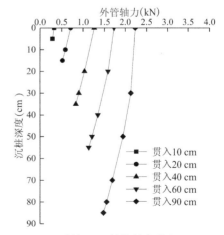

图 4.13　试桩 TP4 外管轴力分布图

60 cm、90 cm 时，土塞的高度依次为 8 cm、14 cm、22 cm、28 cm、33 cm，故可根据其土塞发展规律得到内管的轴力变化曲线。

从图 4.9 的试桩 TP1 内管轴力分布图中可以看出：在每一贯入深度下，内管轴力均随着沉桩深度的增加而不断递减，且轴力的分布曲线的斜率逐渐减小，表明桩侧摩阻力自上而下不断发挥，摩阻力沿桩身呈逐渐增大的趋势，在桩端处轴力值最小，侧摩阻力最大。分析原因，内管与桩端不直接接触，桩端力全部由外管承担，所以内管的轴力变化主要是内管在沉桩过程中形成的土塞与之黏着摩擦引起的。在每一贯入深度下，土塞自下而上逐渐形成，且随着沉桩的进行，下部土塞与内管接触相对比较紧密，土颗粒与管桩之间的黏着接触更牢固，黏着点的剪切力越大，相应的侧摩阻力就越大。所以越靠近桩端部分，侧摩阻力就越大且对轴力的影响越显著，表现为轴力沿内管管身从上往下呈逐渐减小的趋势且曲线斜率逐渐变小。

从图 4.9 中还可看出，贯入深度从 10 cm~90 cm 的过程中，距桩端同一距离的内管截面的轴力逐渐变大。这主要因为随着贯入深度的增加，土塞高度也随之增加并逐渐趋于稳定，黏着接触面积不断增大；同时土塞对内管的挤密作用越明显，侧压力不断增大，从而使黏着点的接触更牢固，剪切黏着点所需的剪切力及犁沟阻力越大，引起的对应轴力变大。另一方面，当土塞高度随着贯入深度的增加逐渐趋于稳定时，土塞的上升速度也随之降低直至趋于零，土塞与内管之间的摩擦有由滑动摩擦转变为静摩擦的趋势，这也会引起轴力增大。

从图 4.10~ 图 4.13 可知试桩 TP1~TP4 的外管轴力分布规律相似，以试桩 TP1 为例，对其外管轴力的分布特点进行具体分析。由图 4.10 试桩 TP1 外管轴力分布图可知：每一贯入深度下，外管轴力有着与内管轴力相似的分布规律，也是沿桩身从上往下呈逐渐递减的趋势，同时轴力沿桩身的分布曲线斜率逐渐减小。这主要是随着沉桩的进行，桩侧摩阻力自上而下逐渐发挥所致。具体来讲，在每一贯入深度下，随着沉桩深度的逐渐增加，桩周土的侧压力逐渐增大，使土颗粒与外管之间的黏结更紧密，以致沉桩过程中需要更大的剪切力才能剪断黏着点，产生较大等级的黏着力，同时与桩身紧密粘结的土义与桩周土产生较大的犁沟作用，从而使桩土间的摩阻力增大，且越靠近管桩下部，侧摩阻力越大，轴力的减小幅度越大，曲线斜率越小。另外，还可以发现随着贯入深度的增加，同一沉桩深度处的轴力逐渐变大，主要是受到压桩力逐渐增大的影响。

试桩 TP2~TP4 的外管轴力分布规律与试桩 TP1 相似，但在最大贯入深度即贯入 90 cm（试桩 TP2 贯入 110cm）时，试桩 TP1 轴力的数值小于试桩 TP2 和 TP3，但高于试桩 TP4，这主要是受到桩端形式以及桩身直径的影响所致。

4.3.5　试桩桩侧单位摩阻力结果分析

假定桩侧摩阻力沿管桩桩身均匀分布，根据各试桩沿桩身的轴力变化，按照式（4.4）和式（4.5）可以得到各试桩在每一贯入深度下的桩侧单位摩阻力随沉桩深度的分布曲线，如图 4.14~ 图 4.18 所示。图中取上下两相邻 FBG 传感器之间的中点作为该段深度对应的单位侧摩阻力的纵坐标进行分布曲线的绘制。试桩 TP1 设计为开口管桩，在沉桩过程中会形成土塞，而土塞与内管之间的黏着会导致侧摩阻力的产生，试桩 TP1 内管的单位侧摩阻力随沉桩深度的分布如图 4.14 所示。

从图 4.14 中可以看出：不同贯入深度下单位侧摩阻力的变化趋势相似，在同一贯入深度下，试桩 TP1 内管的单位侧摩阻力随沉桩深度的增加呈不均

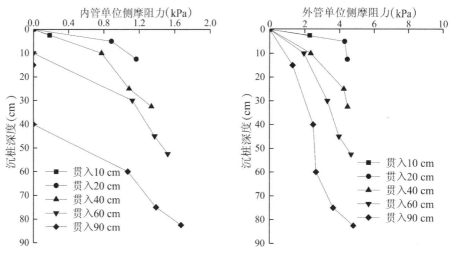

图 4.14　试桩 TP1 内管单位侧摩阻力分布图　　图 4.15　试桩 TP1 外管单位侧摩阻力分布图

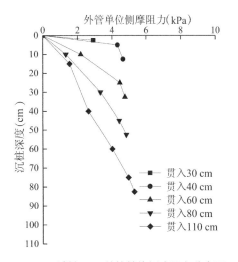

图 4.16　试桩 TP2 外管单位侧摩阻力分布图

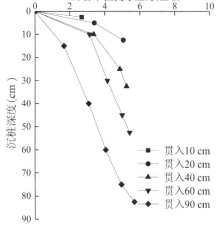

图 4.17　试桩 TP3 外管单位侧摩阻力分布图

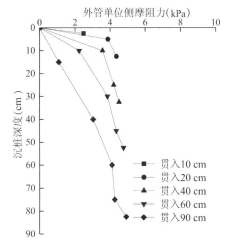

图 4.18　试桩 TP4 外管单位侧摩阻力分布图

匀增大趋势，总体呈上小下大分布。分析原因：在同一贯入深度下，随着沉桩的不断进行，沉桩深度不断增加，内管中的土塞不断形成，土塞高度不断上升，在这个过程中下部土塞逐渐变得比上部密实，下部土塞对内管侧壁的挤压作用更明显，其中的土颗粒与管桩侧壁的黏着接触点比上部土塞与管桩之间多且黏着点比上部土塞更牢固，则沉桩时就需要更大的剪切力才能将黏着牢固的下部土塞中的黏着点剪断，从而产生较大的侧摩阻力；同时因挤密作用黏附在内管内壁上的局部土颗粒聚集从而与土塞产生犁沟作用，这样也会增大侧摩阻力。另一方面，随着沉桩的进行，内管土塞的形成速度逐渐减慢，在侧压力增大的同时，内管桩身与土颗粒间的相对位移也逐渐减小，这也意味着在需要较大剪切力剪断黏着点的同时桩 – 土间的摩擦也有从滑动摩擦向静摩擦转变的趋势，因静摩擦的摩擦力大于滑动摩擦，所以土塞生成速度的降低也可能会导致内管侧摩阻力的增大，但是因为土塞生成速度并不是匀速降低，所以侧摩阻力表现出不均匀增大的现象。另外，比较图 4.14 中不同贯入深度下桩端 1 号和 2 号 FBG 传感器之间的单位侧摩阻力可以发现，贯入深度从 10 cm 到 90 cm 的过程中，1 号和 2 号 FBG 传感器之间的单位侧摩阻力依次为 0.19 kPa、1.17 kPa、1.34 kPa、1.52 kPa、1.67 kPa，这表明随着贯入深度的增加，1 号和 2 号 FBG 传感器之间的单位侧摩阻力总体呈不均匀递增趋势。究其原因，1 号和 2 号 FBG 传感器之间的这段内管在沉桩过程中一直处于与土塞接触之中，不同的贯入深度下，土塞高度逐渐上升且上升速度逐渐降低，1 号和 2 号 FBG 传感器之间受到的土塞挤压更强烈且摩擦方式发生变化，进而导致这段桩身的侧摩阻力逐渐增大。

从图 4.15 试桩 TP1 外管单位侧摩阻力分布曲线中可以看出：不同的贯入深度下外管的单位侧摩阻力随沉桩深度增加的变化趋势相同，均是在同一贯入深度下，单位侧摩阻力随着沉桩深度的增加呈逐渐递增的趋势，且递增幅度并不均匀，这种现象与其内管侧摩阻力的分布有相似性；同时最大贯入深度下桩侧单位侧摩阻力的分布呈下大上小的形式，与文献中提到的桩侧摩阻力的三段式分布相似。以最大贯入深度下，即贯入 90 cm 时单位侧摩阻力的分布曲线为例进行分析。在最大贯入深度下，随着沉桩的进行，桩身不断向下贯入，桩周土对管桩形成的侧压力逐渐增大，黏着和犁沟作用逐渐发挥，故而体现为侧摩阻力的逐渐增大。进一步分析，当试桩贯入地面以下 90 cm 时，浅层土体经历了长时间的犁削作用，桩周土与外管桩身之间的黏着点基本已经全部剪断，黏着力消失，并且持续的犁削也使犁沟作用基本消失，所以此段的桩侧单位摩阻力较小；在桩身中部区域，此段外管的桩周土体经历的犁削作用相对浅层土体弱，即使产生泥浆膜，但是因为此段桩周土提供的水平侧压力较大，而较大的侧压力使泥浆膜变薄，黏着力虽然基本消失，但较大的侧压力会使犁沟作用增强，犁沟阻力逐渐呈现，所以此段单位侧摩阻力主要由犁沟力组成，从而使单位侧摩阻力逐渐增大；在最大沉桩深度处即外管桩端部分，此处的桩周土的水平侧压力达到最大值，对外管桩身的水平挤压更强烈，泥浆膜基本消失，桩－土直接接触；又因为此段经历的重复犁削作用最小，所以桩－土之间形成的黏着点数目更多且黏着更牢固，同时沉桩引起的犁沟作用也更强烈，黏着阻力和犁沟阻力基本全部显现，组成侧摩阻力，故而导致此段的单位侧摩阻力值最大。综上所述，同一贯入深度下，随着贯入深度的增加，外管的单位侧摩阻力逐渐增大。

另外，通过比较图 4.15 中的同一沉桩深度处的单位侧摩阻力分布可以发现，随着贯入深度的增加，同一沉桩深度处的单位侧摩阻力逐渐减小，即侧摩阻力存在"退化效应"。桩侧摩阻力出现"退化现象"的原因主要是贯入深度越大，同一土层深度处所受到的重复犁削作用持续时间越长，桩－土间的黏着点已基本全部被剪断，犁沟作用也基本不存在，同时重复的犁削也会导致泥浆膜厚度的增大以及水平应力的释放，这些原因均导致了侧摩阻力的降低。此外，图 4.15 中试桩 TP1 贯入深度从 10 cm 到 90 cm 的过程中，管桩下端两传感器之间的单位侧摩阻力总体上逐渐变大，试桩 TP2 和 TP3 此种现象较为明显。其原因与内管下段单位侧摩阻力随贯入深度增大的原因相似，管桩下端两传感器之间的距离位于桩端，在沉桩过程中一直处于与桩周土的挤压之中，贯入深度越大，挤压越强烈，水平侧压力越大，桩－土接触越牢固，沉桩时的黏着阻力和犁沟阻力越大，造成了单位侧摩阻力的增大。

综合分析试桩 TP1 的内管和外管单位侧摩阻力的分布曲线可知：在沉桩深度范围内，内管的单位侧摩阻力整体小于外管的单位侧摩阻力。表明内管的土塞逐渐发挥作用，但其在沉桩过程中对内管的挤压作用弱于桩周土对外管的挤压，造成黏着点的黏着紧密度较低，从而表现出内管单位侧摩阻力小于外管的单位侧摩阻力。

试桩 TP2 因在桩端安装有高度约为 20 cm 的轮辐式压力传感器，所以其每一贯入深度较其余试桩多 20 cm，但其各传感器在每一贯入深度下距地表的距离相同。观察试桩 TP2~TP4 的外管单位侧摩阻力的分布曲线，其单位侧摩阻力随沉桩深度的变化与试桩 TP1 外管单位侧摩阻力分布有着相似的变化规律。通过对比最大贯入深度下各试桩外管单位侧摩阻力的分布，发现最大贯入深度范围内各单位侧摩阻力虽然均呈增大趋势，但在数值方面试桩 TP3>TP2>TP4>TP1。这是因为试桩 TP1 是开口管桩，沉桩过程中桩端对桩周土的剪切作用强烈，以致桩端上部桩体与土的黏着点剪断较少，单位侧摩阻力最小；试桩 TP2~TP4 是闭口管桩，沉桩时虽对桩周土体有剪切，但并不如开口管桩 TP1 剧烈，又因为试桩 TP4 的直径是 100 mm，小于试桩 TP2 和 TP3，所以桩－土接触面积小，黏着点的黏着面积以及犁沟作用面比 TP2 和 TP3 小，故单位侧摩阻力低于 TP2 和 TP3，高于试桩 TP1。

4.3.6 桩－土界面孔隙水压力结果分析

本次室内试验采用硅压阻式孔隙水压力传感器共进行了 2 根试桩的桩－土界面孔隙水压力的量测研究，分别是试桩 TP1 和试桩 TP2，沉桩全过程中试桩 TP1 和 TP2 的各个孔隙水压力传感器量测的孔隙水压力的变化如图 4.19、图 4.20 所示，以此得到的超孔隙水压力在沉桩全过程中的分布如图 4.21、图 4.22 所示。图 4.19~ 图 4.22 中的纵坐标均为硅压阻式孔隙水压力

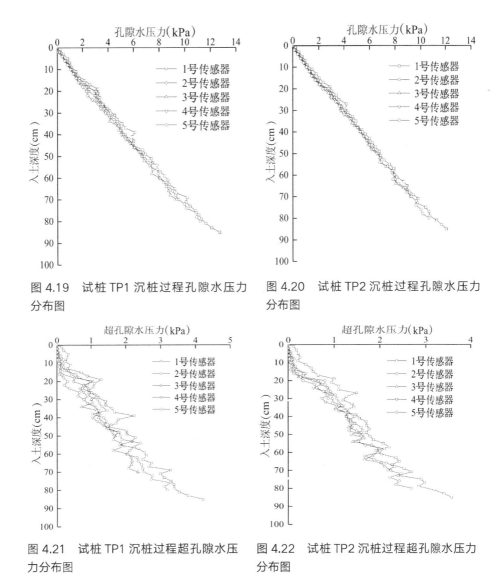

图 4.19 试桩 TP1 沉桩过程孔隙水压力分布图

图 4.20 试桩 TP2 沉桩过程孔隙水压力分布图

图 4.21 试桩 TP1 沉桩过程超孔隙水压力分布图

图 4.22 试桩 TP2 沉桩过程超孔隙水压力分布图

传感器的入土深度；因考虑到后期需要进行静载试验，最大沉桩深度为 90 cm（试桩 TP2 为 110 cm），所以各试桩最上端的 6 号孔隙水压力传感器刚入土，量测时间及深度过小，未测得有效值，故未在图中绘制其孔隙水压力分布。

根据试桩 TP1 和 TP2 的孔隙水压力的分布，得到了不同深度下同一土层各传感器测得的孔隙水压力，见表 4.2 和表 4.3。从图 4.19 和图 4.20 两试桩的孔隙水压力分布图及表 4.2 和表 4.3 中可以看出：在静力沉桩过程中，每一个硅压阻式孔隙水压力传感器测得的桩周孔隙水压力均随着传感器入土深度的增加逐渐增大，且近似呈线性增加。分析原因，本次室内试验所用土样为均质土，土层上下均匀，所以孔隙水压力的分布较规律；同时孔隙水压力是因为桩对土体的剪切扰动使得桩周孔隙水来不及消散产生的，沉桩深度较小时，桩周土的上覆土重较小，水平侧压力小，孔隙水的消散较快，数值较小；随着沉桩深度的增加，水平侧压力增大，桩 – 土剪切产生的孔隙水无法及时消散，导致孔隙水压力较大。

试桩 TP1 不同深度下同一土层各传感器测得的孔隙水压力值　表 4.2

传感器入土深度 (cm)	1 号传感器 (kPa)	2 号传感器 (kPa)	3 号传感器 (kPa)	4 号传感器 (kPa)	5 号传感器 (kPa)
30	4.12	4.19	4.01	3.8	3.8
50	6.93	6.84	6.69	6.66	—
70	10.19	9.52	9.35	—	—
80	11.29	11.20	—	—	—

注：表中"—"表示对应传感器在该深度下未测得孔隙水压力。

试桩 TP2 不同深度下同一土层各传感器测得的孔隙水压力值　表 4.3

传感器入土深度 (cm)	1 号传感器 (kPa)	2 号传感器 (kPa)	3 号传感器 (kPa)	4 号传感器 (kPa)	5 号传感器 (kPa)
30	4.17	4.06	3.96	3.73	3.87
50	6.80	6.70	6.62	6.56	—
70	9.42	9.18	9.24	—	—
80	10.74	10.68	—	—	—

注：表中"—"表示对应传感器在该深度下未测得孔隙水压力。

结合图 4.19 和图 4.20，根据表 4.2 和表 4.3 可知：在同一土层深度处，随着沉桩的进行，1 号 ~5 号孔隙水压力传感器测得的孔隙水压力值总体呈减小趋势，但从表 4.2 和表 4.3 中的数据可以看出这种减小趋势并不是很明显。这是因为桩的沉桩深度越大，地表以下同一土层所受到的桩的犁削作用持续时间越长，虽然这会造成孔隙水上升，但同时桩周土的持续扰动也为孔隙水的消散提供了通道，所以会在一定程度上造成孔隙水压力有所降低，但并不明显。

从图 4.21 和图 4.22 试桩 TP1、TP2 的超孔隙水压力的分布曲线中可以看出：无论是试桩 TP1 还是试桩 TP2，其超孔隙水压力均随着沉桩深度的增加呈不均匀增大分布，且近似线性增长，这与文献中的超孔压分布规律相近。以试桩 TP1 的最下端 1 号孔隙水压力传感器为例进行分析，当传感器入土深度在 10 cm 范围内时，超孔隙水压力值较小，最大值约为 0.3 kPa，这是因为浅层土体在沉桩过程中经受了最大程度的剪切犁削作用，结构破坏程度较大，孔隙水的消散速度较快，所以超孔隙水压力比较小；但是当沉桩深度增大时，该传感器入土深度也随之增大，桩侧水平土压力也逐渐增大，桩 – 土接触逐渐紧密，因沉桩对桩周土剪切产生的孔隙水消散较慢，导致超孔隙水压力逐渐上升，最大达到 4.21 kPa。

鉴于 1 号孔隙水压力传感器位于桩的最下端，近似代表了整个沉桩过程中超孔隙水压力沿桩身的分布，所以根据图 4.21 和图 4.22 中 1 号传感器测得的超孔隙水压力的分布曲线，得到了沉桩过程中两试桩（试桩 TP1、TP2）在不同深度处的超孔隙水压力与其上覆有效土重的比值，见表 4.4 和表 4.5。

从表 4.4 和表 4.5 可以看出：无论是试桩 TP1 还是试桩 TP2，其在沉桩过程中产生的超孔隙水压力均较大，一定深度处的超孔隙水压力可达其上覆有效土重的 75%，这对桩基承载力有较大影响。因此，在实际的静力压桩工程中应对超孔隙水压力加以重视，可以采取在桩位附近设置竖向排水通道等措施来降低沉桩过程中的超孔隙水压力。

试桩 TP1 不同深度处超孔隙水压力与其上覆有效土重比值表　　　　表 4.4

传感器深度（cm）	超孔隙水压力（kPa）	上覆有效土重（kPa）	比值（%）
10	0.33	0.8	41.2
20	1.20	1.6	75.0
40	2.01	3.2	62.8
60	2.56	4.8	53.3
80	3.47	6.4	54.2
85	4.21	6.8	61.9

试桩 TP2 不同深度处超孔隙水压力与其上覆有效土重比值表　　　　表 4.5

传感器深度（cm）	超孔隙水压力（kPa）	上覆有效土重（kPa）	比值（%）
10	0.30	0.8	37.5
20	0.97	1.6	60.6
40	1.52	3.2	47.5
60	1.98	4.8	41.2
80	3.02	6.4	47.2
85	3.58	6.8	52.6

4.3.7　桩－土界面径向土压力结果分析

　　静力沉桩过程中的桩侧土压力是由安装在与孔隙水压力传感器同一截面的硅压阻式土压力传感器测得，经过整理得到了试桩 TP1 和 TP2 在沉桩过程中各个传感器测得的桩侧径向土压力随深度的变化曲线，分别如图 4.23 和图 4.24 所示，最上端的 6 号硅压阻式土压力传感器因处在桩刚入土处，故未测得有效值。

　　沉桩过程中硅压阻式土压力传感器量测的径向土压力为总径向土压力，未扣除孔隙水的影响。从图 4.23 和图 4.24 中可以看出：试桩 TP1 和试桩 TP2 每一个硅压阻式土压力传感器测得的沉桩过程中总径向土压力的变化规律基本相同，均是随着沉桩深度的增加近似呈线性增长的趋势，这与文献得到的沉桩土压力的分布规律相近。因试桩 TP1 和 TP2 的土压力分布规律基本相同，故以试桩 TP1 的桩端 1 号硅压阻式土压力传感器测得的总径向土压力分布曲线为例进行分析。当传感器的入土深度小于 10 cm 时，桩侧径向土压力较小，且其增长速度较低，主要是因为浅层土体经受了管桩下沉对其

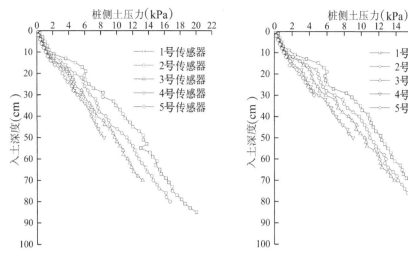

图 4.23　试桩 TP1 沉桩过程桩侧土压力　　　图 4.24　试桩 TP2 沉桩过程桩侧土压力
　　　　　分布图　　　　　　　　　　　　　　　　　　　分布图

造成的长时间的重复犁削作用，致使土体与管桩之间的黏着与犁沟作用全部消失，接触不紧密，从而导致侧压力较小；当传感器入土深度超过 10 cm 时，径向土压力近似线性增长且增长速率较高，在最大入土深度处径向土压力最高为 20.03 kPa，试桩 TP2 的 1 号传感器在最大入土深度处的土压力为 19.59 kPa，两者差距不大。

　　另一方面，比较图 4.23 和图 4.24 中各个土压传感器测得的径向土压力的分布曲线可以发现，同一深度处，1 号 ~6 号传感器的总径向土压力是逐渐减小的。根据传感器的布置，1 号 ~6 号传感器是依次入土的，所以可以说是随着沉桩深度的增加，同一深度处的径向土压力呈递减趋势，称之为"侧压力退化"。之所以产生"侧压力退化"现象，是因为地表以下同一深度，随着沉桩的进行，此深度经历的犁削作用逐渐加强，桩 – 土间的黏着点逐渐被剪断，且犁沟作用逐渐减弱，桩 – 土接触不再紧密，产生一定的缝隙，引起应力释放，从而造成了同一深度处的侧压力随沉桩深度的增加而逐渐减小的现象。

4.3.8　桩－土界面径向有效土压力与桩侧摩阻力分析

根据本章 4.3.6 和 4.3.7 中提到的超孔隙水压力和径向总土压力的分布情况，结合有效应力原理，见式（4.6），可得到试桩 TP1 和 TP2 沉桩过程中径向有效土压力的分布曲线，如图 4.25、图 4.26 所示。

$$\sigma' = \sigma - \mu \qquad (4.6)$$

式中：σ'——有效应力；

　　　σ——总应力；

　　　μ——超孔隙水压力。

图 4.25 和图 4.26 均表明无论是试桩 TP1 还是试桩 TP2，其沉桩过程中的径向有效土压力均随沉桩深度的增加呈递增趋势。同时也可以发现，径向有效土压力是总径向土压力的主要组成部分，且与总径向土压力有着相似的分布规律，通过比较图 4.25 和图 4.26，发现径向有效土压力在同一深度处随沉桩的进行也存在"侧压力退化"的现象。这是因为同一深度在沉桩过程中经历的重复犁削作用逐渐加剧，桩－土的贴紧程度逐渐降低，从而发生"侧压力退化"现象。

沉桩过程中的桩侧径向有效土压力与桩－土之间的侧摩阻力有着密切关系，从摩擦学的角度讲，总摩擦力等于剪切黏着点所需力与犁沟阻力之和，

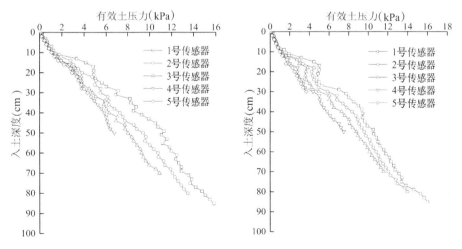

图 4.25　试桩 TP1 桩侧有效土压力分布图　　图 4.26　试桩 TP2 桩侧有效土压力分布图

所以桩－土摩擦实质上就是桩－土间黏着点的不断形成与剪切以及犁沟作用的一个过程，而径向有效侧压力则与黏着点的形成与剪切密切以及犁沟作用相关，因为较大的法向力（径向有效土压力）会使黏着点的黏着更加牢固，从而使黏着点的剪切力更大，同时犁沟阻力也更大，这就会导致桩侧摩阻力的增大。根据图 4.25 和图 4.26 的径向有效土压力的分布曲线，得到了不同深度处的贴紧系数 t_c，见表 4.6 和表 4.7。贴紧系数不同，则泥浆水膜的厚度及空隙大小也不同，从而形成不同的摩擦状态，侧摩阻力也就会有所不同。定义贴紧系数 t_c 为：

$$t_c = p'/\sigma_{cx} \tag{4.7}$$

式中：t_c——贴紧系数；

p'——径向有效侧压力（kPa）；

σ_{cx}——水平自重应力（kPa）。

从表 4.6 和表 4.7 中可以看出，无论是开口试桩 TP1 还是闭口试桩 TP2，在每一贯入深度下（每个传感器），贴紧系数整体呈先增大后减小的趋势，在较大深度处均大于 1。这表明沉桩过程中挤土效应较大，桩侧有效土压力高于自重应力，桩－土接触逐渐紧密，桩－土间的空隙较小，水膜厚度薄，则桩－土间的黏着点逐渐增多，且黏着更加牢固，黏着力和犁沟力逐渐显现，表现为桩侧摩阻力逐渐增大；沉桩后期贴紧系数有所降低主要是因为下部土层的超孔隙水压力上升较快，导致有效土压力增长幅度降低，从而使贴紧系数有所减小。

试桩 TP1 沉桩过程贴紧系数表　　　　表 4.6

深度（cm）	1 号传感器	2 号传感器	3 号传感器	4 号传感器	5 号传感器
5	1.11	1.05	0.84	0.86	0.83
10	1.18	0.97	0.90	0.89	0.84
20	1.93	1.51	1.20	1.34	1.16
40	1.77	1.45	1.24	1.15	—
60	1.62	1.42	1.23	—	—
80	1.48	1.34	—	—	—

注：表中"—"表示对应传感器在该深度下不存在贴紧系数。

试桩 TP2 沉桩过程贴紧系数表　　　　　　　　　　　　　　表 4.7

深度 (cm)	1 号传感器	2 号传感器	3 号传感器	4 号传感器	5 号传感器
5	0.94	0.95	0.94	0.84	0.81
10	1.33	0.97	0.90	0.86	0.80
20	1.96	1.67	1.44	1.10	0.99
40	1.86	1.66	1.44	1.15	—
60	1.55	1.43	1.34	—	—
80	1.48	1.39	—	—	—

注：表中"—"表示对应传感器在该深度下不存在贴紧系数。

　　另外，观察同一深度处的各传感器对应的贴紧系数分布规律可以发现：在同一深度处，1 号~5 号传感器对应的贴紧系数逐渐降低。因传感器是逐渐入土的，也就是说同一深度处的贴紧系数，随着沉桩的进行逐渐降低。这表明随着沉桩的进行，同一深度处挤土效应减弱，桩 – 土接触的紧密度逐渐降低，泥浆水膜厚度逐渐变大，黏着力和犁沟力逐渐丧失，表现为侧摩阻力逐渐减小，对应桩侧摩阻力的"退化现象"。同时，浅部土体的贴紧系数小，是因为浅层土体在沉桩过程中因桩身晃动等因素遭受的犁削作用最剧烈，桩 – 土接触不紧密，桩侧有效土压力降低较快，桩侧摩阻力降低较明显。

第

5

章

室内单桩竖向抗压
静载试验结果及分析

5.1 引言

为研究管桩在竖向荷载作用下的受力机理，在进行静力沉桩试验的基础上，对试验管桩进行了单桩竖向抗压静载试验，监测了竖向荷载作用下的荷载－沉降曲线、桩侧摩阻力、径向土压力和孔隙水压力等。单桩竖向抗压静载试验是在沉桩试验结束后约30d进行的，静载试验借助于沉桩试验所用的试验装置，根据试验条件，本次共成功进行了2根试桩的静载试验，分别是试桩TP1和试桩TP3。静载试验采用反力梁加载体系，按照分级加载的方式进行试验，根据前期的静力压桩试验中的压桩力结果，确定每级加载量为0.7 kN，首级加载量为1.4 kN；试验数据的读取时间、试验的终止条件等均按照《建筑基桩检测技术规范》JGJ 106—2014进行。

通过静载试验，详细分析了荷载作用下的Q-s曲线以及桩侧摩阻力、径向土压力、孔隙水压力等的分布特点，可以对桩基承载性状有更加深入的了解。

5.2 静载试验 Q-s 曲线分析

静载试验的Q-s曲线是桩身材料、桩周土破坏机制和破坏模式的宏观反应，对它们的分析有助于研究单桩竖向抗压承载性能。本次成功进行了2根试桩的静载试验，分别是试桩TP1和TP3，根据试验结果，绘制出静载试验的Q-s曲线，分别如图5.1和图5.2所示。

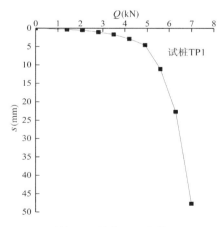

图 5.1 试桩 TP1 静载 Q-s 曲线

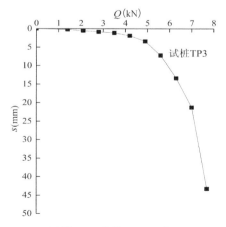

图 5.2 试桩 TP3 静载 Q-s 曲线

从图 5.1 和图 5.2 中可以看出：试桩 TP1 和 TP3 的 Q-s 曲线均呈陡降型。当荷载从 0 增加到 3.5 kN 时，试桩 TP1 和 TP3 的 Q-s 曲线均近似直线，荷载与沉降表现为线性关系，此阶段桩侧摩阻力开始发挥作用；当荷载从 3.5 kN 增加到 5.6 kN（试桩 TP3 为 6.3 kN）时，两试桩的 Q-s 曲线出现弯曲段，沉降速率增大，表现为非线性，桩侧摩阻力充分发挥，桩端阻力逐渐增加；在最后两级荷载下，两试桩的 Q-s 曲线出现陡降，桩周土进入屈服状态。

静载试验中，当试桩 TP1 的加荷值为 7.0 kN 时，对应的桩顶沉降量为 47.72 mm；当试桩 TP3 的加荷值为 7.7 kN 时，对应的桩顶沉降量为 43.24 mm，在此荷载作用下两试桩的桩顶沉降量均超过 40mm，并且均高于前一级荷载对应沉降量的 2 倍且未能达到稳定，可终止试验。按照规范规定，可确定试桩 TP1 与 TP3 的单桩竖向抗压极限承载力，见表 5.1；试桩 TP1 和 TP3 的极限承载力与对应的沉桩终压力的比值见表 5.1。

试桩 TP1 和 TP3 的极限承载力与沉桩终压力关系表　　　　表 5.1

试桩编号	沉桩终压力（kN）	极限承载力（kN）	增量比（%）
TP1	2.54	6.3	148
TP3	2.94	7.0	138

从表 5.1 中可以看出：无论是试桩 TP1 还是试桩 TP3，其静载试验的极限承载力均远高于对应沉桩时的终压力，且超出部分占沉桩终压力的比值均超过 1 倍。究其原因，竖向抗压静载试验是在沉桩结束后约 30d 进行的，长时间的静置使得桩 – 土接触变得更加紧密，贴紧程度提高，在沉桩过程中被剪断的桩 – 土间的黏着点重新形成且数量增多、黏着增强，侧摩阻力增大；同时桩端土的结构性也全部恢复，桩端承载力增大，从而使其极限承载力较大。另一方面，从沉桩结束到开始静载试验的这段时间内，桩 – 土间因沉桩产生的泥浆水膜已经消失，即使静载过程中出现泥浆水膜，因每级荷载加载时间较长，局部的泥浆水膜也会基本消失，所以摩擦状态由湿摩擦转变为干摩擦，桩 – 土间的黏着点黏着牢固，不易剪断，这会导致桩侧摩阻力增加，从而造成极限承载力增大。

从表 5.1 中可以发现极限承载力相比沉桩终压力的增幅试桩 TP1 为 148%，试桩 TP3 为 138%，这与寇海磊 等、董春辉 等、白晓宇 等的研究结果相近。沉桩结束后休止期内桩基承载力的变化主要受到沉桩方式、桩周土的性质以及管桩的桩身尺寸等因素的影响。试桩 TP1 和 TP3 的沉桩方式均为静力压桩，桩周土的性质相同，桩身直径均为 140 mm，两者不同之处在于桩端形式，试桩 TP1 为开口管桩，试桩 TP3 为闭口管桩。开口管桩与闭口管桩的承载力变化相近，主要是因为开口管桩在静力沉桩过程中会产生土塞，沉桩结束时土塞已基本形成，而经过一段时间的休止期，土塞与管桩内壁的黏结更加紧密，闭塞效果更好。因此 2 根试桩在休止期内的承载力变化较接近。

5.3 静载试验桩身轴力变化规律分析

根据试验结果，整理得到试桩 TP1 的内管和外管以及试桩 TP3 的外管在静载试验中桩身轴力沿桩身的分布曲线，如图 5.3~ 图 5.5 所示。

试桩 TP1 的内管轴力主要是受到土塞的作用而产生的，沉桩结束时土塞高度约为 330 mm，此次静载试验结束后经过量测，土塞高度基本没有变化。在土塞高度范围内有 1 号 ~3 号共三个 FBG 传感器，4 号 ~6 号传感

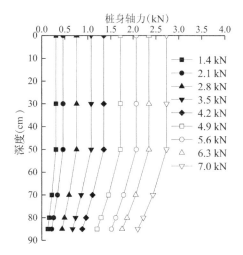

图 5.3 试桩 TP1 内管桩身轴力分布图

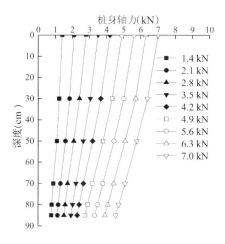

图 5.4 试桩 TP1 外管桩身轴力分布图

器位于土塞上方，所以只有1号~3号需要在静载试验过程中克服侧摩阻力，从而引起桩身轴力的变化，故绘制了如图5.3所示的试桩TP1的内管轴力分布图。从图中可以看出：试桩TP1的内管轴力在每级加荷量下均从接近土塞高度处呈不均匀递减的趋势，这是因为轴力在沿桩身传递过程中需要克服土塞引起的摩阻力；另外，在特定加荷量下轴力分布曲线

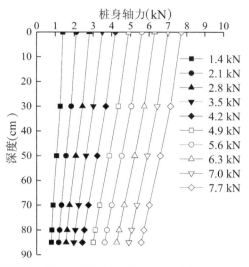

图 5.5　试桩 TP3 外管桩身轴力分布图

的斜率逐渐减小，这表明侧摩阻力沿桩身逐渐发挥，量值逐渐增大。当加荷量较小时，桩端处的轴力值与桩顶轴力值相差不大，桩身轴力的减小幅度较小，表明侧摩阻力还未充分发挥作用；随着加荷量的增加，桩身轴力的减小幅度也逐渐增加，在最大荷载作用下，轴力的减小幅度最大，约为23%，这表明随着荷载的增加，侧摩阻力不断发挥出来，且在最大加荷量下侧摩阻力最大。

　　图5.4和图5.5分别是试桩TP1和TP3外管的轴力分布图，试桩外管轴力的产生机理与内管不同，主要是由管桩受压变形引起的。从图5.4和图5.5中可以看出：尽管两试桩的加载级数不同，但是两者的轴力变化规律相似，均是在每级荷载作用下呈依次递减的趋势，并且减小幅度不均匀。这主要是因为在各级荷载作用下，管桩会发生弹性变形，从而引起桩–土相对位移，桩周土会对管桩产生向上的桩侧摩阻力，而桩身轴力在向下传递过程中需要不断克服桩侧摩阻力，所以桩身轴力随着深度沿桩身逐渐递减。另一方面，在每级荷载作用下，桩身轴力曲线的斜率整体呈逐渐减小趋势，这表明桩侧摩阻力沿桩身从上往下逐渐发挥。在同一深度处，随着加荷量的增加，两图中的轴力分布曲线的斜率均逐渐减小，表明桩侧摩阻力随着加荷量的增加逐渐发挥，逐渐增大。这主要是因为加荷量增大，桩–土相对位移增加，黏着剪切作用和犁沟作用增强，从而引起侧摩阻增大。

根据图 5.4 和图 5.5 的轴力分布，可计算得到两试桩各级荷载下桩端阻力占桩顶荷载的百分比，见表 5.2 和表 5.3。

试桩 TP1 桩端阻力占桩顶荷载百分比 表 5.2

荷载（kN）	1.4	2.1	2.8	3.5	4.2	4.9	5.6	6.3	7.0
桩端阻力（kN）	0.75	1.13	1.52	1.92	2.29	2.75	3.32	3.92	4.56
占荷载比例（%）	53.6	53.8	54.3	54.9	54.5	56.1	59.3	62.2	65.1

试桩 TP3 桩端阻力占桩顶荷载百分比 表 5.3

荷载（kN）	1.4	2.1	2.8	3.5	4.2	4.9	5.6	6.3	7.0	7.7
桩端阻力（kN）	0.78	1.18	1.58	1.98	2.42	3	3.63	4.28	4.92	5.57
占荷载比例（%）	55.7	56.2	56.4	56.6	57.6	61.2	64.8	67.9	70.3	72.3

表 5.2 和表 5.3 中的数据表明试桩 TP1 和 TP3 的桩端阻力随着加荷量的增加而不断发挥，数值逐渐增大。在最大荷载作用下试桩 TP1 的桩端阻力占桩顶荷载的比例为 65.1%，试桩 TP3 的桩端阻力占桩顶荷载的比例为 72.3%，表明桩端阻力承担了大部分的荷载，桩侧摩阻力占桩顶荷载的较小部分，呈现出较好的端承桩特性。

5.4 静载试验桩侧单位摩阻力变化规律分析

根据图 5.3 中试桩 TP1 内管的桩身轴力分布曲线，通过计算两相邻传感器轴力差值并结合桩身截面尺寸，可得到相邻断面之间土层的单位侧摩阻力值，如图 5.6 所示。

试桩 TP1 内管的侧摩阻力存在于土塞高度范围内，故内管上半部分没有侧摩阻力的存在。从图 5.6 中可以看出：在每级荷载作

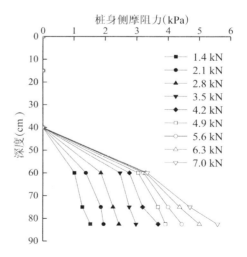

图 5.6 试桩 TP1 内管单位侧摩阻力分布图

用下，沿内管桩身向下侧摩阻力逐渐增大，且增量不均匀，这与沉桩过程中内管的侧摩阻力分布规律相似。究其原因，在进行静载试验过程中，经过量测土塞高度基本没有变化，所以土塞与内管间的微小变形引起的摩擦状态趋向于静摩擦。而沿桩身越靠近桩端土塞提供的侧压力越大，使得土颗粒与内管接触点牢固黏着，在土塞发生微小变形时的静摩擦阻力很大，故内管越靠近桩端侧摩阻力越大。另一方面，同一深度处的侧摩阻力随着加荷量的增加逐渐增大，且在约 60 cm 处的侧摩阻力在较大荷载下已接近极限，基本不再增大。这主要是因为随着加荷量的增加，土塞提供的侧压力逐渐增大，从而导致土与内管的塑性变形加剧，静摩擦力逐渐增大；但是当加荷量加大时，浅部土塞的侧摩阻力已发挥到极限，所以数值基本不再增加。

根据图 5.4 和图 5.5 的试桩 TP1 和 TP3 外管轴力分布，可计算得到两试桩的外管单位侧摩阻力沿桩身的变化曲线，如图 5.7 和图 5.8 所示。

桩侧摩阻力的大小与桩－土间相对位移、桩侧径向压力以及桩周土的性质等密切相关。当桩顶加荷量较小时，桩－土相对位移较小，引起的黏着阻力和犁沟阻力小，从而桩侧摩阻力也较小；但随着加荷量的逐级增加，桩侧摩阻力也随之增大但增幅逐渐降低，并且当加荷量较大导致桩－土相对位移达到一定值后，桩侧摩阻力逐渐趋于稳定，数值变化较小。

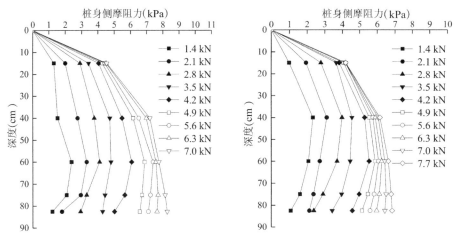

图 5.7　试桩 TP1 外管单位侧摩阻力分布图　　图 5.8　试桩 TP3 外管单位侧摩阻力分布图

从图 5.7 和图 5.8 中发现试桩 TP1 和 TP3 的桩侧摩阻力分布规律相近，以试桩 TP1 的外管侧摩阻力分布为例进行具体分析。从图 5.7 中可以看出：同一深度处的桩侧摩阻力随桩顶荷载的增加逐渐增大，这是因为桩顶荷载越大，管桩与桩周土的接触越紧密，黏着作用和犁沟作用越强烈，从而造成桩侧摩阻力的增加。

另一方面，图 5.7 还表明在较小的桩顶荷载作用下，桩侧摩阻力沿桩身从上往下呈先增大后减小的趋势，侧摩阻力的发挥具有异步性，上部土层的侧摩阻力先于下部土层发挥；且随着荷载的增加下部土层侧摩阻力逐渐增大，当桩顶荷载达到 7.0 kN 时（试桩 TP3 达到 7.7 kN），桩侧摩阻力沿桩身一直呈增大趋势。这是因为当桩顶荷载较小时，管桩中上部发生弹性变形，引起桩 – 土相对位移，造成黏着点的剪切以及犁沟，所以中上部土层的侧摩阻力先于下部土层发挥；随着桩顶荷载的增加，管桩的桩身压缩量和桩 – 土位移逐渐增大，下部土层黏着点的剪切和犁沟作用逐渐加强，所以下部土层的桩侧摩阻力不断发挥出来；当最大桩顶荷载作用于桩顶时（试桩 TP1 为 7.0 kN，试桩 TP3 为 7.7 kN），管桩沉降量达到最大值，从图 5.1 中看出其超过 40 mm，表明桩 – 土间的相对位移较大，所以全桩身范围内的桩周土与管桩之间的黏着点的剪切作用和犁沟作用全部发挥，且因桩身下部土层的径向土压力大于上部土层，黏着点的剪切力和犁沟阻力大于上部土层，下部土层的侧摩阻力充分发挥，以致呈现侧摩阻力沿桩身逐渐增大的分布规律。

从图 5.7 中还可以看出：距地面约 15 cm 处土层的侧摩阻力随着桩顶荷载的增加其增量逐渐降低，且当桩顶荷载达到 5.6 kN、6.3 kN 以及 7.0 kN（试桩 TP3 达到 7.7 kN）时，该土层侧摩阻力达到极限，基本不再增加。究其原因，桩顶荷载较小时管桩上部发生变形引起上部土层侧摩阻力先发挥出来，之后随着加荷量的增加，管桩沉降量不断增大，桩 – 土相对位移也随之增大，上部土层经历的犁削作用逐渐加强，导致上部土层与管桩间的黏着点的剪断数量不断增多，黏着阻力和犁沟阻力不断发挥，加之上部土层的侧压力较小，土层与管桩之间的黏着作用和犁沟作用并不是很强烈，这些因素造成了较大荷载作用下上部土层的侧摩阻力达到极限，基本不再增加。图 5.7 还表明当该层土体的侧摩阻力达到极限后，会沿桩身向下继续传递到下部土层，使下部土层的侧摩阻力也逐渐增大，接近极限，这种现象在图 5.8 试桩 TP3 外管侧摩阻力分布图中比较明显。

5.5 静载试验孔隙水压力变化规律分析

图 5.9 是试桩 TP1 在静载试验过程中各级荷载作用下的孔隙水压力变化规律曲线图。从图中可以比较明显地看出：在各级荷载作用下，桩侧孔隙水压力沿桩身向下呈逐渐增大的趋势分布，且线性增长趋势较明显。这是因为在进行静载试验时因沉桩引起的孔隙水压力的变化已经消除，孔隙水压力恢复了随深度稳定分布的状态。而当静载试验的外荷载作用于桩顶时，管桩会产生相应的沉降变形，越靠近桩端管桩对桩周土的挤压作用越强烈，故而管桩下部的孔隙水压力高于管桩上部。同时因为静载试验中桩 – 土相对位移较沉桩过程小，引起的孔隙水压力变化较小，且传感器只能量测固定深度的孔隙水压力，故测得的孔隙水压力分布曲线线性趋势较明显。

从图 5.9 中还可发现：距地面同一深度处土层的孔隙水压力随着桩顶加荷量的增加而逐渐增大，但是当加荷量较小时孔隙水压力的增长幅度并不大，增长趋势不明显，在最后几级荷载下孔隙水压力的增量相对比较明显。以 85cm 土层深度处对应孔隙水压力为例，桩顶加荷量从 1.4 kN 增长到 7.0kN 的过程中，孔隙水压力的增量依次为 0.085 kPa、0.032 kPa、0.075 kPa、0.108 kPa、

0.139 kPa、0.122 kPa、0.124 kPa、0.167 kPa，整体上前期孔隙水压增量较小，后期增量较大。同一深度处孔隙水压力随加荷量的增加而增大的原因是桩顶荷载越大管桩沉降越大，对桩周土的剪切挤压作用越强烈，从而引起孔隙水压力的增大。但是因为静载试验在施加每级荷载后需要持续较长

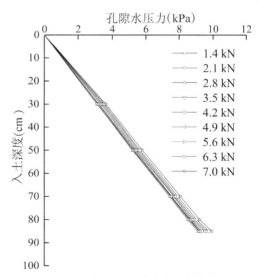

图 5.9 试桩 TP1 静载试验孔隙水压力分布图

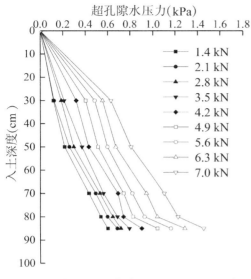

图 5.10　试桩 TP1 静载试验超孔隙水压力分布图

时间，直至管桩沉降量趋于稳定，所以因加载引起的孔隙水压力在这一段时间内会消散一部分，但是因为管桩对桩周土的剪切较弱，孔隙水压力的消散速度较慢，所以在施加下一级荷载时测得的孔隙水压力较上一级荷载对应的孔隙水压力较大，但桩顶荷载较小时桩 – 土位移小，增量不明显；随着桩顶荷载的增加，尤其是在施加 6.3 kN 和 7.0 kN 两级荷载时，桩顶沉降量较大，对桩周土的剪切作用加剧，孔隙水压力上升较快，表现为孔隙水压力的增长较明显。

根据孔隙水压力沿桩身的分布规律，可计算得到静载试验过程中各级桩顶荷载作用下的超孔隙水压力沿桩身的分布规律，如图 5.10 所示。

从图 5.10 超孔隙水压力分布图中可以看出：超孔隙水压力随深度的变化规律与总孔隙水压力的变化规律相似，在每级荷载下均是沿桩身从上往下呈逐渐增大的趋势；且在前三级荷载作用下超孔隙水压力沿桩身整体近似线性增长，但当桩顶荷载超过 2.8 kN 后，超孔隙水压力在 80 cm 深度范围内近似呈线性增长，但在 80~85 cm 深度范围内曲线坡度变缓，超孔隙水压力增大。这是因为随深度的增加，受管桩沉降的影响，管桩对桩周土的挤压作用逐渐加强，所以超孔隙水压力整体呈逐渐增大趋势。当桩顶荷载较小时，管桩沉降量较小，桩 – 土相对位移小，从而导致产生的超孔隙水压力较小且近似线性变化，但是当桩顶荷载逐渐增大时，管桩沉降量也随之增加，桩 – 土相对位移变大，挤压作用增强，引起的超孔隙水压力增大，尤其是桩端部分对桩周土的挤压强于桩身上部对桩周土的黏着剪切作用，所以在较大荷载下桩端处的超孔隙水压力高于桩身上部对应的超孔隙水压力，且增量较大，最高可达 26%，表现为分布曲线斜率变大，坡度变缓。

另一方面，同一深度处的超孔隙水压力也随桩顶荷载的增加逐渐增大，前期增量较小，后期荷载较大时增量变大，原因与孔隙水压力变化相同，主要是受到桩–土相对位移的影响。

整体观察超孔隙水压力的分布曲线发现，相比较沉桩过程中的超孔隙水压力，静载试验中的超孔隙水压力数值较小。这是因为静载试验加载引起的变形较小并且每级荷载趋于稳定，对桩周土黏着点的剪切作用和犁沟作用以及桩端对土体的挤压作用均较沉桩过程小，所以引起的超孔隙水压力值较小。

5.6　静载试验径向土压力变化规律分析

静载试验过程中通过桩身布设的微型硅压阻式土压力传感器，可监测得到桩顶每级荷载作用下的桩身范围内总径向土压力的分布规律，如图5.11所示。

从图5.11中可以看出：静载试验过程中的桩侧总径向土压力在数值方面小于沉桩过程中的径向土压力，这主要是因为静载试验过程中桩体变形较小，桩–土相对位移小，对桩周土的挤压作用不如沉桩时强烈，所以数值较小。

图5.11表明在每级荷载作用下，桩侧总径向土压力均随深度的增加呈线性逐渐增大趋势分布。这是因为土层埋深越大，上覆土重越大，产生的径向土压力也就越大，所以径向土压力沿桩身随深度逐渐增大。同时随着桩顶荷载的增加，同一深度处的总径向土压力呈逐渐增大的趋势，且在前几级荷载作用下径向土压力的增长幅度较小，在较大荷载作用下增长幅度较大，最后两

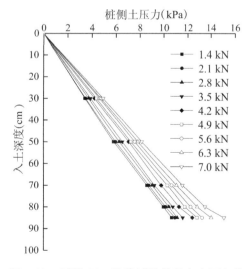

图 5.11　试桩 TP1 静载试验总径向土压力分布图

级荷载下桩端处土压力增幅明显，这与沉桩过程中的侧压力规律不同。以85cm深度处的径向土压力为例，随桩顶荷载的逐级施加其土压力增幅依次为2.6%、1.8%、4.2%、5.1%、3.6%、3.9%、5.9%、7.5%，数据整体表明荷载较小时土压力增量较小，荷载较大时增量较大。究其原因，管桩静载试验时的机理与沉桩不同，沉桩过程中桩端对桩周土一直有连续的剪切挤压作用，侧压力存在退化现象；而静载试验过程中因加载引起的管桩变形较小并且每级荷载持续时间长，沉降趋于稳定，桩周土与管桩重新形成新的黏着点。所以当桩顶荷载较小时，管桩沉降小，因沉降引起的径向土压力增量较小，且其土压力接近静止土压力；当桩顶荷载逐渐增大时，管桩沉降量随之增大，桩－土相对位移逐渐变大，管桩对桩周土的剪切挤压作用增强，从而引起桩侧径向土压力较大幅度地增加。在最后两级荷载作用下，管桩沉降量较大，桩端处的桩周土受到的挤压作用最强烈，所以其土压力增量较大。

5.7 静载试验径向有效土压力与桩侧摩阻力分析

依据前文整理的径向总土压力和超孔隙水压力的相关数据，结合有效应力原理，可计算得到静载试验过程中各级荷载作用下的桩侧径向有效土压力的分布曲线，如图5.12所示。

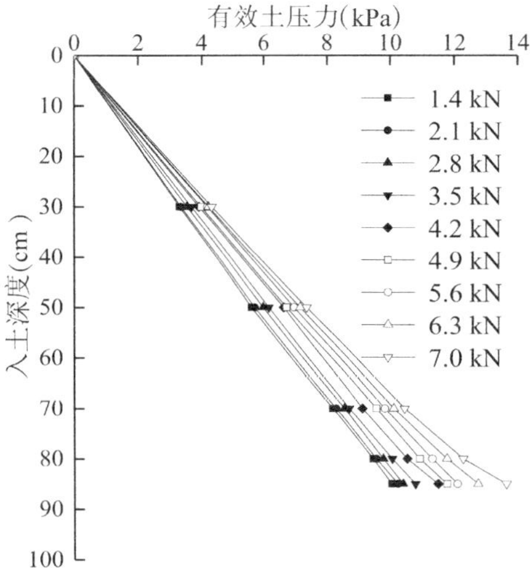

图 5.12 试桩 TP1 静载试验径向有效土压力分布图

从图5.12中可以看出，每级荷载下径向有效土压力均随深度的增加逐渐增大，且在最后两级荷载作用下桩端处的有效土压力增长较大。径向有效土压力出现此种规律的原因与总土压力相似，是因为随着深度的增加，上覆有效土重逐渐增大，从而其水平方向的土压力即径向有效土压力变大；并且在后两级荷载作用下，从 Q–s 曲线中发现管桩的桩顶沉降量较大，桩端处的挤压作用强烈，所以会导致桩端附近土压力的较大幅度的增长，最大增量约为 0.89kPa。同时还可发现同一深度处的径向有效土压力随加荷量的增加逐渐增大，其变化规律与径向总土压力相似，与管桩沉降引起的挤压作用有关。

根据静载试验过程中径向有效土压力的分布，结合对应深度土体的水平自重应力，可计算得到试桩 TP1 对应深度处的贴紧系数，见表 5.4，贴紧系数能够较好地反映出管桩对桩周土的挤土作用。

静载试验试桩 TP1 不同加荷量下不同深度的贴紧系数　　　　　表 5.4

深度 (cm)	桩顶加荷量（kN）								
	1.4	2.1	2.8	3.5	4.2	4.9	5.6	6.3	7.0
30	0.875	0.888	0.936	0.973	1.035	1.053	1.106	1.115	1.142
50	0.890	0.907	0.950	0.979	1.055	1.069	1.107	1.138	1.170
70	0.927	0.939	0.968	0.985	1.033	1.085	1.115	1.148	1.187
80	0.938	0.949	0.971	0.999	1.046	1.086	1.124	1.169	1.219
85	0.939	0.957	0.973	1.009	1.075	1.100	1.131	1.192	1.275

从图 5.2 和表 5.4 中可以明显看出：在同一深度处，随着桩顶加荷量的逐级增加，桩侧径向有效土压力逐渐增大，其贴紧系数也呈增大趋势，这表明管桩与桩周土之间的接触逐渐变得紧密，导致桩－土间的黏着点数量的增加及黏着强度的增强，从而在发生桩－土相对位移时所需的黏着力和犁沟阻力增强，最终表现为同一深度处的桩侧摩阻力随桩顶荷载的增加逐渐增大，与图 5.7 中试桩 TP1 的桩侧单位摩阻力的分布特点相对应。

图 5.12 和表 5.4 还表明在同一桩顶荷载作用下，桩侧径向有效土压力呈递增趋势，而贴紧系数也随深度的增加逐渐增大。贴紧系数的增大代表桩－土接触紧密，但从图 5.7 侧摩阻力分布图中发现当桩顶荷载较小时，管桩下部即较大深度处的侧摩阻力小于上部侧摩阻力；随着桩顶荷载的逐级增加，管桩下部的单位侧摩阻力逐渐增大，最终侧摩阻力呈现随深度逐渐增大的分

布规律。究其原因，当桩顶荷载较小时，虽然管桩下部的贴紧系数高于上部，桩－土黏结较紧密，但因管桩位移小，上部管桩变形高于下部，所以管桩下部黏着点的剪切作用和犁沟作用弱于上部，造成管桩下部贴紧系数大但侧摩阻力小的现象；随着桩顶荷载的逐级增加，桩－土相对位移逐渐增大，尤其是在后两级荷载下管桩沉降量大，造成管桩下部桩－土黏着剪切作用和犁沟作用的增强，引起侧摩阻力的增大。

第

6

章

静力压入足尺 PHC
管桩现场试验

6.1 引言

静力压入桩具有无污染、噪声小、对桩身无冲击力以及在沉桩过程中能显示压桩力等优点，在目前我国工业和民用建筑中得到广泛的运用，特别是在软土地基中。高强度预应力混凝土（PHC）管桩具有承载力高、保护环境、贯入力强等优点，成为桩基础工程中常用的桩型。鉴于管桩的制作和自身的特点以及传统的测试元件易受环境的影响，传统的测试元件成活率与可靠性相对较低，应力测试比较困难的情况，很难精确地监测出沉桩过程中桩身应力、桩端阻力以及桩侧摩阻力随贯入深度的变化规律。所以目前对静压管桩贯入全过程的承载力研究较少。近几年来，随着光纤传感技术的不断发展以及测试方法的日益完善，光纤测试元件正逐渐代替传统的测试元件。与传统测试元件相比，光纤测试具有抗干扰强、精度高、稳定性好等优点，当瞬时荷载作用于建筑物时，能够很好地监测出应力与温度。目前已有部分学者将光栅光纤传感器运用到沉桩过程中，但是安装方法都为刻槽植入，其方法可得到沉桩过程中的变化规律，但是对桩身的损伤较大，难以保证传感器的变形与桩身变形相一致。

桩－土界面的研究已成为诸多学者研究的焦点也是一个研究难点，大部分学者将传统的土压力计和孔隙水压力埋设在距桩身不同距离处以及不同深度处，监测沉桩过程对桩周土的影响，并通过曲线拟合推算出桩－土界面处的径向土压力以及孔隙水压力的变化，此方法不能直接得到桩－土界面真实的径向土压力以及孔隙水压力的变化，并不是理想的方法。并且传统的土压力计与孔隙水压力计存在灵敏度低、测量范围窄、动态频响不高等缺点，而硅压阻式传感器以微加工硅膜片为核心集成压阻力敏元件，采用国际先进制作和封装工艺，产品具有体积小、重量轻、坚固耐用、量程大且具有良好动静态测试特性等优点。相比传统的土压力计和水压力计，将其埋设在 PHC 管桩中来测试管桩贯入过程的径向土压力和孔隙水压力变化，其优越性显著。

6.2 静力压入足尺 PHC 管桩现场试验研究

6.2.1 PHC 管桩类型

本次试验采用山东省东营市金旭管桩厂生产的免蒸压的 PHC 管桩，管桩直径为 400mm，壁厚为 95mm，桩长为 12m。如图 6.1 所示。

图 6.1　PHC 管桩

6.2.2　FBG 光纤传感器工作原理

FBG 传感器以其灵敏度高、布置形式灵活、能够实现实时监测等优点，在土木工程领域得到广泛应用。其基本原理是根据测量结果因环境温度或应变的变化来改变其反射波的波长，反射回去的中心波长符合如下公式：

$$\lambda_B = 2n_{eff}\Lambda \tag{6.1}$$

式中：n_{eff}——光纤纤芯有效折射率；

Λ——光纤光栅栅距。

当 FBG 传感器受到温度变化或者受到拉、压力作用时，会引起光栅的栅距发生变化，从而改变了光纤纤芯的有效折射率，光纤光栅的中心波长与应变的关系为：

$$\frac{\Delta\lambda_B}{\lambda_B} = (1-p_e)\Delta\varepsilon + (\alpha_f + \zeta)\Delta T \tag{6.2}$$

式中：$\Delta\lambda_B$——中心波长的变化量；

λ_B——光线光栅的中心波长；

p_e——光栅的有效弹光系数；

$\Delta\varepsilon$——应变变化值；

α_f——光栅热膨胀系数；

ζ——光栅热光系数。

ΔT——温度变化差。

为了除去由于外界温度以及热光效应所引起的光纤光栅中心波长的变化，利用传感器内部构造中的夹持钢管与夹持支座产生膨胀所引起的光栅波长变化量与其抵消，从而解决了由于外界温度变化引起的光纤光栅中心波长变化。公式如下：

$$\frac{\Delta\lambda_B}{\lambda_B}=S_\varepsilon\left[\Delta\varepsilon\frac{-2\alpha_2L_2+\alpha_1L_1}{L_f}+\Delta T\right]+S_T\Delta T$$

$$=S_\varepsilon\Delta\varepsilon+\left[S_\varepsilon\frac{-2\alpha_2L_2+\alpha_1L_1}{L_f}+S_T\right]\Delta T \tag{6.3}$$

式中：S_ε——应变敏感系数，$S_\varepsilon=1-p_e=0.784$（$\mu\varepsilon$）；

α_1、α_2——外界构件与夹持构件的热膨胀系数，$\alpha_1=10\times10^{-6}$（℃）、

$\alpha_2=11\times10^{-6}$（℃）；

S_T——温度敏感系数，$S_T=\alpha_f+\zeta=7.35\times10^{-6}$（℃）；

L_1、L_2——外界构件与夹持构件的长度，$L_1=100mm$，$L_2=50mm$；

L_f——光纤光栅的长度，$L_f=10.6mm$。

将各系数代入公式（2.3）可知：

$$\left[S_\varepsilon\frac{-2\alpha_2L_2+\alpha_1L_1}{L_f}+S_T\right]=0 \tag{6.4}$$

由式（6.4）可知，消除了因为温度变化而引起的光纤光栅中心波长的变化，从而也证明了低温敏型 FBG 传感器的光纤光栅中心波长变化是由应变变化引起的，得出式（6.5）：

$$\frac{\Delta\lambda_B}{\lambda_B}=S_\varepsilon\Delta\varepsilon=(1-P_e)\Delta\varepsilon \tag{6.5}$$

6.2.3 光纤光栅传感器的安装

本次试验采用深圳市简测智能技术有限公司生产的低温敏型光纤光栅传感器，如图 6.2 所示。其主要性能指标如表 6.1 所示，其安装方式分为预埋式安装和桩身刻槽式安装。

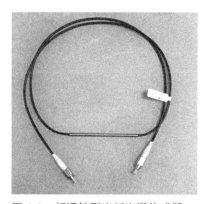

图 6.2 低温敏型光纤光栅传感器

低温敏型光纤光栅传感器性能指标　　　　　表 6.1

传感器 保护套	接头 形式	工作温度 （℃）	应变量程 （kPa）	标距 （mm）	应变 分辨率	中心波长 （mm）
3 mm 铠装护套	FC	−30~120	± 1500	60	1	1510~1570

6.2.3.1　光纤光栅传感器预埋式安装

预埋式安装流程为：

（1）首先对传感器支座按照光纤光栅传感器进行标距，其标距为 60 mm，再将标距好的支座焊接到直径为 6 mm，长为 200 mm 的钢筋上，以方便后续安装。如图 6.3 所示。

（2）在焊有支座的钢筋上固定光纤光栅传感器，并且在固定传感器时要对传感器进行预拉伸，以便提高后续读数的准确性，如图 6.4 所示。

（3）将固定好传感器的钢筋按设定的传感器间距绑扎在 PHC 管桩的钢筋笼上，传感器的传输导线通过法兰接头连接跳线作为传输导线，并且每隔 250 mm 用扎带进行绑扎。在扎带与扎带之间导线拉得不要过紧，要保持导线松弛有余，以免在后续进行预应力张拉时，导线被拉断或影响传感器的测试效果。如图 6.5 所示。

（4）将安装好传感器的钢筋

（a）支座标距

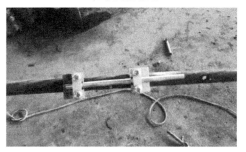

（b）固定支座

图 6.3　标距和固定支座

图 6.4　传感器的安装及预拉伸

笼放入模板中，并将安有传感器和导线的受力钢筋紧贴于模板底部，以免在浇筑混凝土时将光纤光栅传感器损坏。在安装端头板时，将传感器的跳线置于钢

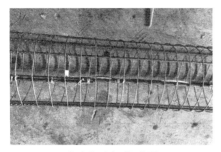

图 6.5　固定光纤光栅传感器

图 6.6　钢筋笼入模

图 6.7　预应力张拉

筋笼内侧，防止端头板安装过程中将跳线挤坏。如图 6.6 所示。

（5）浇筑混凝土时首先将钢筋笼内的跳线取出，混凝土振捣时要避开有传感器的位置，以免损坏传感器。进行离心之前将跳线处理好，是在模板的一端将其牢牢固定，防止离心时甩开损坏导线。将导线固定好之后进行预应力的张拉，如图 6.7 所示。

（6）张拉结束后进行离心成型，离心速度按照低速（7.66r/min）、低中速（10.71r/min）、中速（33.47r/min）、高速（49.30r/min）逐级增加进行离心成型，如图 6.8 所示。

（7）离心结束后，将其放入蒸养池中进行养护，并且将其放置于最上端，以免在底部产生过高的温度损坏传感器及传输导线，如图 6.9（a）所示。

（8）养护结束后，进行拆模，如图 6.9（b）所示。

（a）浇筑混凝土

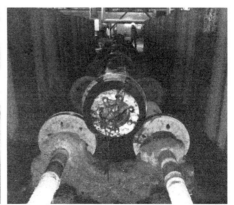

（b）离心成型

图 6.8　浇筑与离心成型

6.2.3.2 光纤光栅传感器刻槽式安装

刻槽式安装流程：

（1）在安装之前，首先在桩身划线定位，按照设定的传感器间距（图6.19）确定光纤光栅传感器的位置，如图6.10（a）所示。

（2）确定好位置之后，使用开槽机在桩身上开深度为2 cm的浅槽，保证传输导线能够全部密封在槽内，如图6.10（b）所示。

（3）开槽之后，将布置传感器的位置处磨平，其目的是使传感器安装平直，防止在压桩过程中传感器出现偏心受压现象，使采集数据误差大甚至损坏传感器。磨平之后，用植筋胶将传感器支座固定牢固。

（4）待植筋胶产生强度之后，再布置光纤光栅传感器，为了数据采集的精确度，在布置传感器时需连接采集仪器，根据显示的数据对传感器进行预拉伸，光纤传感器的传输导线从桩顶钻孔引出，如图6.11所示。

（a）免蒸压养护

（b）拆模

图6.9　PHC管桩养护与拆模

（a）划线定位

（b）刻槽

图6.10　定位与刻槽

（5）传感器布置完毕之后，用植筋胶将槽密封并使其与桩身表面齐平，如图6.12所示。

6.2.4 光纤光栅传感器采集系统

光纤光栅传感器的数据采集采用葡萄牙生产的 FS 2200RM–Rack–Mountable Bragg Meter 解调仪，如图6.13所示。采集频率为1Hz，测量波段为1500~1600nm，波长分辨率为1pm，仪器精度为 ±2pm，动态范围为>50dB。

6.2.5 硅压阻式传感器介绍

硅压阻式传感器是根据单晶硅的压阻效应制成，传感器的构造主要由基体、波纹膜片和芯片三部分组成，应力大小主要由基体负责测试，基体测试到的应力大小是通过波纹膜片传递到芯片，传递到芯片的应力再由芯片检测出被测压力的大小。芯片安装在硅弹性膜片上，用半导体技术在膜片特定方向扩散四个等值的半导体电阻，连接形成惠斯通电桥。当膜片受到压力作用时，电桥失去平衡，通过对电桥输入激励电源，可以得到与被测压力成正比的输出电压，经过换算后测量压力的大小。

（a）布置传感器

（b）传感器预拉伸

图6.11 布置及预拉伸传感器

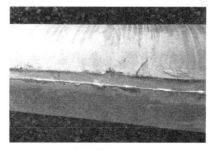

图6.12 密封刻槽

图6.13 光纤光栅解调仪

与其他传统测试元件相比，硅压阻式传感器具有响应频率高、反应灵敏、测量精确度高、体积小、可靠性高、过载性强等优点，用其监测沉桩过

程中桩 – 土界面处的受力变化，读取的数据精确度更高。

本次试验采用西安德威科仪表公司生产的硅压阻式土压力传感器和硅压阻式孔隙水压力传感器，如图 6.14 所示。并根据现场所用桩长确定其量程，其主要性能指标如表 6.2 所示。

（a）硅压阻式土压力传感器　　　　（b）硅压阻式孔隙水压力传感器

图 6.14　硅压阻式传感器示意图

硅压阻式传感器性能指标　　　　表 6.2

工作电压 （VDC）	动态频响 （kHz）	量程 （kPa）	过载能力 （%）	重复性 （%Fs8）	迟滞 （%FS）	精度 （%）
10	2000	0~500	150	0.08	0.05	0.1

6.2.6　硅压阻式传感器的安装

硅压阻式传感器的安装包括土压力传感器的安装和孔隙水压力传感器的安装，其安装步骤如下：

（1）首先按照设定的传感器间距（图 6.15）在桩身上标出传感器相应的位置，然后再用钻孔机开孔，在开孔时首先用 12 mm 的开孔器将桩壁钻透，再用直径为 20 mm 的开孔器在已开孔处进行扩孔，扩大深度为 20 mm，在孔内形成台状。将传感器放入之后，传感器可落在台上，从而使其安装得更为牢固，如图 6.15 所示。

（2）成孔结束后将孔洞清理干净，以免影响粘结胶的粘结效果。清理之后分别布置土压力和孔隙水压力传感器。

（3）布置完之后，用环氧树脂涂抹在传感器的侧面，然后将其安装在桩身表面，并且要使传感器壁与孔洞壁之间充满，使其安装牢固。同时要控制传感器的高度，使其与桩表面齐平，不得突出和凹进桩壁，防止在沉桩过

（a）钻孔

（b）成孔

图 6.15　钻孔与成孔

（a）土压力传感器

（b）孔隙水压力传感器

图 6.16　安装好的硅压阻式传感器

程中损坏传感器影响测试结果。

（4）为提高环氧树脂的粘结强度，需等待环氧树脂胶固化 24h，不得过早沉桩。此外再沉桩前一天，需向孔隙水压力传感器表面的透水石中注满水，用水浸泡 24h，排除透水石中的空气，如图 6.16 所示。

6.2.7　硅压阻式传感器的数据采集系统

硅压阻式土压力传感器和硅压阻式孔隙水压力传感器数据采集选用 2 台 CF3820 高速静态信号测试分析仪读取测量数据，此分析仪是由江苏靖江成孚电子有限公司研发的，并将两台测试分析仪串联，实现土压力和孔隙水压力同步监测。采集频率为 100 Hz，并且可以用于 1/4 桥、半桥和全桥的多点应变应力测量、电压测量，如图 6.17 所示。

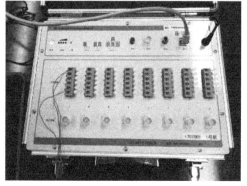

图 6.17　CF3820 高速静态信号测试分析仪

6.3　试验数据处理

6.3.1　光纤光栅传感器数据的处理

根据光纤光栅传感器所测数据与公式（2.5）可得到桩身应变，由桩身应变可得到沉桩过程中的桩身应力、桩身轴力，计算公式如下：

$$\sigma = E \cdot \Delta\varepsilon \qquad (6.6)$$

$$N = \sigma \cdot A \qquad (6.7)$$

式中：σ——桩身应力（kPa）；

　　E——桩身弹性模量；

　　$\Delta\varepsilon$——桩身应变变化量；

　　N——桩身轴力（kN）；

　　A——桩身横截面面积（m^2）。

根据桩身竖向荷载传递关系，可计算出沉桩过程中的桩侧摩阻力，计算公式如下：

$$F_i = N_{i+1} - N_i \qquad (6.8)$$

式中：F_i——第 i 层桩侧摩阻力；

　　N_i——第 i 截面轴力（kN）；

　　N_{i+1}——第 i+1 截面轴力（kN）。

根据相邻截面间的轴力可得到相邻截面的桩侧平均摩阻力，计算公式如下：

$$q_{\mathrm{sik}} = \frac{N_i - N_{i+1}}{A_i} \qquad (6.9)$$

式中：q_{sik}——第 i 分层桩侧单位摩阻力（kPa）；

　　N_i——第 i 截面轴力（kN）；

　　N_{i+1}——第 i+1 截面轴力（kN）；

　　A_i——第 i 分层桩侧表面积（m^2）。

6.3.2 硅压阻式传感器的数据处理

硅压阻式传感器的数据通过在 CF3820 高速静态信号测试分析仪的安装程序中添加每个传感器的灵敏度系数以及桥式连接方式，便可以在程序中直接读出桩侧径向土压力和孔隙水压力的数值。

6.4 试验方案及过程

6.4.1 工程概况

试验场地位于山东省东营市河口区湖滨路以西、河兴路以北。地貌单元属于黄河三角洲第四纪冲积平原地貌，表层覆盖 0.9 ~5.3 m 厚回填土，场地内主要分布粉质黏土层和粉土层。地下水位埋深为 0.30 ~ 3.00 m 左右。根据现场勘探揭露，岩土层特征自上而下分述，如表 6.2 所示。

岩土层特征   表 6.2

工程名称				东营富海・朗润园工程	
土层编号	土层名称	层底高程 (m)	层底深度 (m)	柱状图	岩土特征
①	素填土	1.89	2.44		黄褐色~灰褐色，以粉质黏土为主，局部以粉土为主，土质不均匀，局部夹粉土及黏土团块，含腐殖质及大量植物根茎，结构松散，软塑
②	粉土	0.36	3.98		黄褐色~褐灰色，土质较均匀，含云母碎片及少量氧化铁斑，局部夹灰红色粉质黏土薄层
②（夹）	粉质黏土	0.86	3.01		灰红色~灰褐色，土质较均匀，含氧化铁斑，稍有光泽，局部夹粉土薄层，韧性中等，干强度中等，软塑
③	粉质黏土	-0.42	4.75		灰红色~灰褐色，土质较均匀，稍有光泽，局部夹粉土薄层，韧性中等，干强度中等，软塑
④	粉土	-2.22	6.54		灰褐色~黄褐色，土质较均匀，含云母碎片及少量有机质，局部夹灰红色粉质黏土薄层，摇振反应中等，干强度低，韧性低，中密，湿

工程名称				东营富海·朗润园工程	
土层编号	土层名称	层底高程(m)	层底深度(m)	柱状图	岩土特征
⑤	粉质黏土	-5.88	10.21		灰褐色,土质较均匀,局部夹粉土及黏土薄层,稍有光泽,干强度中等,韧性中等,摇振无反应,软塑~流塑
⑥	粉土	-8.82	13.14		褐灰色,土质较均匀,含云母碎片,局部夹多层粉质黏土薄层,无光泽,韧性低,干强度低,摇振反应迅速,中密,湿
⑥(夹)	粉质黏土	-7.61	11.95		灰褐色~褐灰色,土质较均匀,含云母碎片,局部夹多层粉土薄层,稍有光泽,干强度中等,韧性中等,摇振无反应,软塑
⑦	粉质黏土	-16.69	21.02		灰色,土质较均匀,含云母碎片,局部夹粉土及黏土薄层,稍有光泽,干强度中等,韧性中等,摇振无反应,软塑
⑦(夹)	粉土	-14.8	19.11		褐灰色~黄褐色,土质较均匀,含云母碎片,无光泽,韧性低,干强度低,摇振反应迅速,中密,湿
⑧-1	粉土	-18.01	22.12		灰褐色~黄褐色,土质较均匀,含云母碎片,局部夹粉质黏土薄层,摇振反应迅速,无光泽,干强度低,韧性低,中密~密实,湿
⑧	粉砂	-35.11	39.61		黄褐色,土质较均匀,粒较细,局部为粉土及粉质黏土薄层,主要矿物成分为石英、长石等,磨圆度较好,颗粒级配良好,密实,湿

　　根据室内土工试验和现场原位测试结果,结合当地经验(C、φ采用标准值)各层土的物理力学性质指标建议值见表6.3。

土层	厚度 h(m)	重度 r(kN/m³)	孔隙比 e	压缩模量 (MPa)	黏聚力 c (kPa)	内摩擦角 φ (°)	静探指标 Q_c (MPa)	静探指标 F_s (kPa)
①素填土	0.9~5.3	18.5	0.867	4.19	13.8	6.8	1.130	28
②粉土	0.3~2.5	18.6	0.803	8.55	8.7	20.1	2.796	28
②（夹）粉质黏土	0.3~1.1	18.3	0.890	4.78	16.9	7.3	0.807	18
③粉质黏土	0.3~1.9	18.3	0.876	4.90	17.6	7.4	0.928	17
④粉土	0.7~4.0	18.7	0.794	9.11	8.7	21	3.784	36
⑤粉质黏土	2.6~4.6	18.3	0.895	4.67	17.5	6.8	0.799	15
⑥粉土	0.8~3.8	18.7	0.793	10.54	10.3	20.6	7.379	89
⑥（夹）粉质黏土	0.30 ~ 1.60	18.5	0.865	5.23	18.3	10.3	1.753	49
⑦粉质黏土	4.20 ~ 9.40	18.5	0.864	5.23	18.8	11	1.343	23
⑦（夹）粉土	0.40 ~ 3.30	18.8	0.782	10.57	11.1	20.8	5.226	63
⑧-1 粉土	0.50 ~ 2.60	19.0	0.751	12.58	12.1	22.5	6.879	81
⑧粉砂	15.70 ~ 19.80	—	—	—	5.0	34.0	21.457	380

注："—"表示勘察报告未给出。

6.4.2 试验设计

目前，国内对 PHC 管桩的生产传统方法主要采用常压蒸汽养护和高压蒸汽养护。而随着对生产技术的不断开发，实现了免蒸压 PHC 管桩生产。免蒸压生产的实质是重新调制混凝土基准配合比在常压蒸气下养护成型，主要包括静停、升温、恒温以及降温四个过程并且养护温度低于 100 ℃。所以，在免蒸压的 PHC 管桩中预埋传感器时对传感器的测量精度和导线的损坏影响较小。

本次试验共采用了 3 根足尺免蒸压的 PHC 管桩，其单节桩长为 12 m，编号依次为 PJ1、PJ2、PJ3。三根试验桩均为单节桩，为避免挤土效应，桩与桩之间的间距设置为 2 m，大于 4D（D 为桩身直径）。试桩情况，如表 6.3 所示。

试桩参数 表6.3

桩号	桩型	桩长 (m)	桩体埋置深度 (m)
PJ1	PHC400-AB-95，闭口	12	12
PJ2	PHC400-AB-95，闭口	12	12
PJ3	PHC400-AB-95，开口	12	12

本次试验在试验桩上设置 6 个测量断面，每个测量断面上各布置一个光栅光纤传感器、硅压阻式土压传感器、硅压阻式孔隙水压力传感器，且三种传感器按 120° 平均分布。光纤光栅传感器安装时，在 PJ1 桩和 PJ2 桩表面开槽，按照设定间距埋入 6 个光纤光栅传感器，而 PJ3 桩直接将光纤光栅传感器按照设定的间距预埋到桩身中。硅压阻式土压力传感器和硅压阻式孔隙水压力传感器均采用开孔安装的方式。3 种传感器安装在同一个测量断面，测量断面的间距从桩端处按照 1D、2D、4D、8D、12D（D 为桩身直径）的间距分布，并且使离桩端最近的测量断面距桩端为 0.5D（20cm），从而避免了桩端端头板对传感器的影响。传感器布置示意如图 6.18 所示。

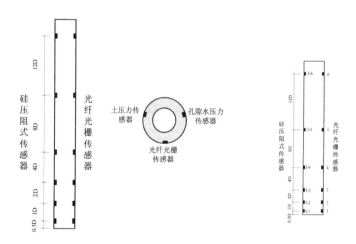

图 6.18 传感器布置示意图

6.4.3 试验过程

试验桩的压入采用湖南山河系列液压静力压桩机，其主要由专用吊车和桩基主体两部分构成，如图 6.19 所示。由于静压机自身原因，在沉桩过程中随着贯入深度的增加，贯入速率难以控制在固定值。沉桩速度约为

1.8~3m/min，最大行程为 1.8 m。在沉桩初期由于贯入阻力较小，沉桩速度略大，后期随着贯入深度的增大，沉桩阻力也逐渐增大，沉桩速度也随之减小。Bond 等将贯入速率大于 0.4 ~0.6 m/min，定义为快速贯入，贯入速率为0.005 ~0.10 m/min，定义为慢速贯入，按照上述规定，本次试验沉桩过程均属于快速贯入。沉桩过程中以桩长作为终压控制标准。

压桩之前，首先将试验桩就位并在桩端焊接桩尖，然后将传输导线从桩芯引出至解调仪，按照静压桩的行程进行压桩。在压桩过程中要及时将导线引出，以防将导线挤坏影响测试结果。光纤光栅数据采集仪采用葡萄牙生产的 FS 2200RM – Rack – Mountable Bragg Meter 解调仪，可以实现 6 通道同时动态采集，采集频率 1 Hz。硅压阻式土压力传感器和孔隙水压力传感器的数据采用 CF3820 高速静态信号测试分析仪采集，可实现 12 通道同时动态采集，采集频率 100Hz。采集系统如图 6.20 所示。

图 6.19　液压静力压桩机

图 6.20　数据采集系统

第

7

章

现场试验结果与分析

7.1 引言

本章对现场足尺 PHC 管桩沉桩过程试验结果进行分析，研究了静压桩在沉桩过程中桩 – 土界面的受力特性。分析了压桩力与桩端阻力随贯入深度的变化规律，探讨了在沉桩过程中桩身轴力变化及荷载传递。得到了沉桩过程中桩 – 土界面处径向土压力以及孔隙水压力随贯入深度的变化规律，揭示了沉桩过程中的桩侧摩阻力的发挥机理，为黏性土中静压桩桩 – 土界面的研究提供依据。

7.2 压桩力分析

根据试验数据，绘制得到的压桩力随贯入深度的变化曲线，如图 7.1 所示。

由图 7.1 中可以看出，随着桩身贯入深度的增大，压桩力呈增大趋势，曲线的变化规律基本反映了土层的变化。从数值上可以看出，闭口管桩 PJ1、PJ2 的压桩力明显大于开口管桩 PJ3，从而说明闭口管桩的贯入阻力明显大于开口管桩的贯入阻力。在贯入深度小于 5 m 时，PJ1、PJ2、PJ3 桩的变化规律基本一致，且压桩力增加的幅度较缓慢。当桩身继续贯入，桩端在粉土层下沉时，压桩力明显增加，PJ1 压桩力由 416.24 kN 增长到 1159.92 kN，增长幅度约为 178%。PJ2 压桩力由 370.31 kN 增长到 971.26 kN，增长幅度约为 162%，平均增长幅度约为 170%。PJ3 压桩力由 282.52 kN 增长到 607.12 kN，增长幅度约为 115%。当桩身继续贯入，桩端进入粉质黏土层时，压桩力减小，PJ1 由 1159.92 kN 减小到 778.26 kN，减小幅度约为 32.9%。PJ2 由 971.26kN 减小到 764.73kN，

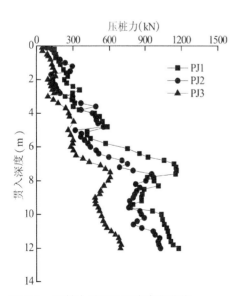

图 7.1 压桩力随贯入深度变化曲线

减小幅度约为 21.26%。PJ3 由 607.12 kN 减小到 485.58 kN，减小幅度约为 20%。当贯入深度超过 10 m 之后，即桩端进入粉土层，3 根桩的压桩力又逐渐增长。可以看出，桩端从粉质黏土的软土层到粉土的硬土层时，压桩力增幅较大，继续贯入桩端进入黏土层时，压桩力又减小，当桩端再次进入粉土层时，压桩力又呈增大趋势。从而说明土层的软硬程度制约着压桩力的变化，桩端所处的土层越硬，压桩力就越大，这与寇海磊等对沉桩过程中压桩力的研究结果基本一致。

从以上分析可以看出开口管桩的总体压桩力以及压桩过程中压桩力的变化幅度均小于闭口管桩，这是由于闭口管桩的挤土效应大于开口管桩挤土效应，使得闭口管桩的贯入阻力大于开口管桩的贯入阻力，从而表现出闭口管桩的压桩力大于开孔管桩的压桩力，这与李雨浓等研究结果相符。由开口管桩和闭口管桩的终压值发现，开口管桩仅占闭口管桩的 58.9%~67.6%，这与马海龙研究的开口桩初始极限承载力小于闭口桩初始极限承载力，仅为闭口桩的 60% ~ 70% 的结论相吻合。有关研究表明，桩尖处于硬土层中且桩尖以下一定范围内存在软土层时，会显著降低桩尖阻力。当桩尖以下 2.5D（D 为桩身直径）范围内存在软土层时，沉桩阻力主要取决于桩尖以下 2.5D 范围内土层强度的平均值，此为 PJ1 与 PJ2 压桩力存在压力差的主要原因。

7.3　桩身轴力分析

通过桩身布置的 FBG 传感器所测数据，可根据式（3.5）～式（3.7）计算得出不同截面处的桩身轴力，从而得到桩身在贯入不同深度时的桩身轴力图，未进入土层的 FBG 传感器所测试数据即为压桩力，如图 7.2 所示。

从图 7.2 中可以看出：PJ1、PJ2、PJ3 桩身轴力随贯入深度的变化规律相同。随着贯入深度的增加，土层表面处的 FBG 传感器所测试数据逐渐变大，即压桩力逐渐增大。从数值上可以看出：闭口的 PJ1、PJ2 桩身轴力相近，但是开口的 PJ3 桩身轴力与闭口桩相比，相差较大。在压桩结束时开口桩桩顶处传感器的轴力值为 695.83 kN，约为闭口桩的 59.16%~67.75%。相差较大的原因是：闭口桩与开口桩的沉桩机理不同，闭口桩轴力是由桩端阻

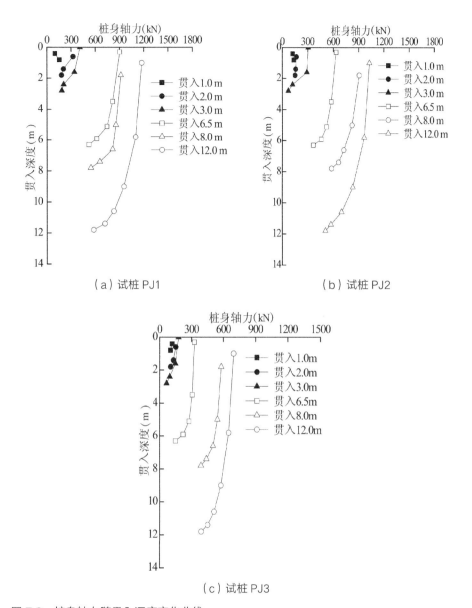

图 7.2　桩身轴力随贯入深度变化曲线

力和桩侧摩阻力产生的；开口桩轴力是由桩端阻力、桩外侧摩阻力以及桩内侧摩阻力产生的。应值得注意的是，开口桩桩端与闭口桩桩端相比，其与土层的接触面积远小于闭口桩接触面积，从而使开口桩的桩端阻力远小于闭口桩的桩端阻力，这是桩身轴力产生较大差距的主要原因；闭口桩压入桩时的挤土效应大于开口桩压入时的挤土效应，从图中可以看出，试桩 PJ1、PJ2

与试桩 PJ3 相比曲线斜率较缓，表明试桩 PJ1、PJ2 桩侧摩阻力明显大于试桩 PJ3 桩侧摩阻力，从而反映出了闭口管桩的贯入阻力大于开口管桩的贯入阻力，即闭口管桩压桩力大于开口管桩压桩力。图中还可以看出，桩身贯入深度超过 3 m 时，每条曲线斜率逐渐自上而下变缓，即桩身轴力自上而下依次传递，反映出桩侧摩阻力在逐渐地发挥，同时也说明桩身下部桩侧摩阻力较桩身上部桩侧摩阻力逐渐增大，土层的发挥逐渐明显。在贯入初期，由于桩身晃动、填土层的密实度以及静力压桩机自身重力的影响，致使轴力的分布规律不太明显。

7.4　贯入阻力分析

7.4.1　桩端阻力随贯入深度的变化规律

贯入过程中桩端阻力根据桩端底部传感器测得的桩身轴力线性相关规律计算得出，如图 7.3 所示。

由图 7.3 可以看出，桩端阻力随贯入深度的变化在一定上程度上反映了土层性质的不同。随着贯入深度的增加，桩端阻力呈增大趋势。从曲线走势上可以看出：当桩端位于同一土层时，开口桩 PJ3 的曲线更光滑，不像闭口桩 PJ1、PJ2 的曲线有许多小突变。这是因为闭口桩的挤土效应大于开口桩的挤土效应，使得闭口桩对桩端土层的挤密效果更强，加之土层的不均匀性，使对桩端土的挤密程度不同，从而使得闭口桩的曲线上会出现许多小突变。此外，试桩 PJ3 光纤传感器为植入式，不像埋入式桩周土的挤压和剪切作用对监测数据影响较大，从而说明光纤光栅传感器植入式安装测试精度更

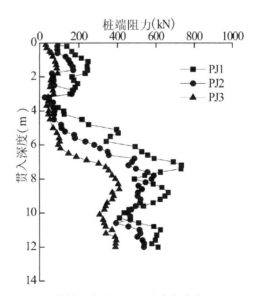

图 7.3　桩端阻力随贯入深度变化曲线

高，这与王永洪研究结果一致。当桩端贯入深度超过 5 m，桩端进入粉土层时，桩端阻力明显增大，闭口桩 PJ1、PJ2 桩端阻力分别由 364.5 kN、234.64 kN 增大为 735.08 kN、489.85 kN，平均增长约为 105.3%，且占总贯入阻力的 59.84%；开口桩 PJ3 桩端阻力由 105.29 kN 增大为 338.74 kN，增长约为 221.7% 占总贯入阻力的 59.8%。可以看出，当桩端位于粉土层时桩端阻力占总贯入阻力的主要部分。当桩身继续贯入，桩端进入粉质黏土层中桩端阻力明显减小，试桩 PJ1 桩端阻力减小幅度约为 40.6%；试桩 PJ2 桩端阻力减小幅度约为 20.2%；试桩 PJ3 桩端阻力减小幅度约为 25.42%。当桩身贯入超过 10 m 之后，桩端进入粉土层时，桩端阻力又逐渐增大，从而也表明桩端阻力受土层软硬程度的影响较大。叶建忠 等研究表明，桩端阻力的影响因素有：沉桩方式、桩身所穿过土层的剪切或压缩特性、进入持力层深度、桩的尺寸以及加荷速率等。从而可以看出，贯入过程中桩端阻力与土层分布及土层的特性密切相关，这也是闭口桩 PJ1、PJ2 桩端阻力相差较大的主要原因。

7.4.2　桩侧摩阻力随贯入深度的变化规律

通过贯入过程的压桩力、桩端阻力随贯入深度的变化，可得出桩侧总摩阻力随贯入深度的变化，如图 7.4 所示。

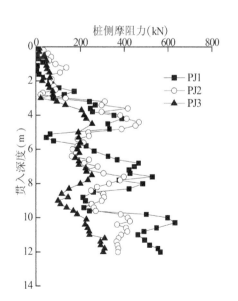

图 7.4　桩侧摩阻力随贯入深度变化曲线

由图 7.4 可见，桩侧总摩阻力随着贯入深度的增加呈增大趋势，在贯入初期，由于桩身晃动以及浅部土体的隆起造成桩 – 土界面接触不紧密，使得径向有效应力较小或松弛，致使浅层桩侧摩阻力较小。随着桩身入土深度的增加，桩侧摩阻力呈增大趋势，但与土层的分布密切相关。从图 7.4 中还可以看出：开口管桩 PJ3 的桩侧摩阻力明显小于闭口管桩 PJ1 和 PJ2，并且开口管桩的曲线波动值小于闭口管桩波动值，这是因为闭口管桩的挤土效应大于开口管桩的挤土效应，使得闭口管桩的侧向压力大于开口管桩的侧向压力，从而表现出闭口管桩桩侧摩阻力大于开口管桩桩侧摩阻力。当贯入深度在 4 m 左右时，即桩端从粉土层进入粉质黏土层时，桩侧摩阻力出现先减小后增大的现象，这是由于桩端进入黏土层，桩端阻力突然变小，沉桩速度急剧增大，桩–土之间会存在较厚的泥浆膜或水膜，使桩侧摩阻力减小；但同时桩端阻力的下降会导致桩身切向力增大，进而使桩–土之间的黏着力增大，因而出现侧摩阻力先减小后增大的现象。当桩端阻力变化较小时，桩侧摩阻力又减小，说明此时沉桩速度达到最大并稳定，桩–土之间存在稳定厚度的泥浆膜或水膜，使桩侧摩阻力减小。随着桩身的继续贯入，当桩身进入粉土层时，桩身侧摩阻力又逐渐增大，闭口桩 PJ1、PJ2 桩侧摩阻力分别由 261.29 kN、238.91 kN 变化为 465.91 kN、398.36 kN，平均增长约为 72.5%，且占总贯入阻力的 44.99%；开口桩 PJ3 桩侧摩阻力由 176.52 kN 变化为 252.04 kN，增长约为 42.8%，且占总贯入阻力的 41.5%。分析原因有：①当桩身由软土层进入硬土层时，会削弱"粘皮"或泥皮对桩身的润滑作用，从而使桩侧摩阻力增大；②由于桩身进入粉土层时桩周附有"粘皮"或泥皮，桩侧摩阻力不一定发生在桩与粉土之间，很可能发生在"粘皮"或泥皮与粉土体之间，相当于增大了摩擦接触面积，从而使侧摩阻力显著增长；③粉土层的抗剪强度和内摩擦角明显高于黏土层，致使桩身进入粉土层时桩侧摩阻力增大。由图 7.4 可知：随着桩身贯入深度的增加，桩侧摩阻力随贯入土层的变化而变化，但总体呈增长趋势。需指出的是：在层状黏性土地基中静压沉桩时，摩擦情形更为复杂，需要进行更加深入的试验研究，探讨其发展机理。

根据桩身贯入过程中桩身轴力变化和土层的分布特征，桩身贯入不同深度时各土层的桩侧单位摩阻力 q_s 可由式（6.9）计算得到，如图 7.5 所示。

根据图 7.5 可得：在层状土中桩侧单位摩阻力并不是随着贯入深度的增加而逐渐增加，而是与土层的分布有关，并且闭口管桩 PJ1、PJ2 的桩侧单位摩阻力明显大于开口管桩 PJ3 桩侧单位摩阻力。这是因为闭口管桩的挤土效应明显大于开口管桩的挤土效应，使得闭口管桩的径向土压力大于开口管桩径向土压力，从而表现出闭口管桩 PJ1、PJ2 的桩侧单位摩阻力大于 PJ3 的桩侧单位摩阻力。由图 7.5 曲线可知，随贯入深度的增加，桩侧单位摩阻力呈增大趋势，这是由于随着贯入深度的增加，上覆土层厚度越厚，径向土

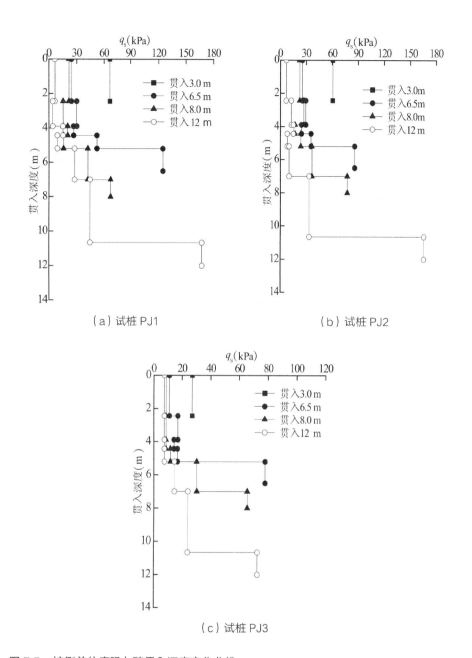

（a）试桩 PJ1

（b）试桩 PJ2

（c）试桩 PJ3

图 7.5　桩侧单位摩阻力随贯入深度变化曲线

压力增加，致使桩侧单位摩阻力值总体呈增大趋势。从图中还可以看出，在某一土层深度处，当桩身不同截面贯入时，桩侧单位摩阻力不断减小，说明在同一土层深度处，随着桩身贯入深度的增加，桩侧单位摩阻力出现退化现象，分析原因有：①桩侧摩阻力是桩身外壁与桩周土体相互剪切形成的剪切力，随着桩身继续贯入，桩侧土体不断被剪切，使径向有效应力不断被释放，从而使桩侧摩阻力不断减小；②桩身在黏性土中贯入时，随贯入深度的增大桩侧向粗糙度逐渐减小并趋向光滑，从而使桩侧摩阻力减小；③在桩身贯入过程中，桩端附近的土体产生挤土效应，并随着桩端的贯入，桩侧土体受到强烈的挤压和剪切，而使土体发生重塑，桩侧土体的强度降为重塑土残余强度，使桩侧摩阻力减小。

7.5 桩－土界面径向土压力及孔隙水压力分析

通过安装在试桩 PJ1 桩身上的硅压阻式土压力传感器和硅压阻式孔隙水压力传感器，得到了静力压入 PHC 管桩过程中桩侧土压力以及桩侧孔隙水压力的变化规律，从而研究了静压桩贯入过程中桩－土界面处径向土压力、孔隙水压力、超孔隙水压力以及径向有效应力的变化规律。试验结果可为相关研究和设计提供参考和依据。

7.5.1 桩－土界面径向土压力分析

通过对试桩 PJ1 桩身安装的硅压阻式土压力传感器读取的数据以及在沉桩过程中的传感器的入土深度，绘制出了沉桩过程中桩－土界面处桩侧径向土压力随传感器入土深度的变化曲线，如图 7.6 所示。

根据图 7.6 可知：随着传感器贯入深度的逐渐增加，桩侧径向土压力逐渐增大，并且增大幅度随土层的不同其变化幅度也不同。以距桩端最近位

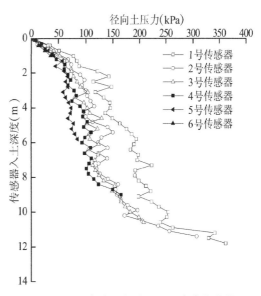

图 7.6 桩侧径向土压力随贯入深度变化曲线

置处 1 号传感器为例，分析贯入过程中桩侧径向土压力的变化。当传感器入土深度小于 3.5 m 时，即传感器位于回填土和粉土层时侧向土压力增幅较大，最大值为 147.94 kPa。当桩身继续贯入传感器位于粉质黏土层时，径向土压力增幅减小，增长幅度为 25.07%，这是因为当桩端剪切刺入之后，黏土层会存在"井壁"效应，从而使桩侧径向土压力减小。当桩端贯入深度超过 5m 之后，即传感器位于粉土层时，径向土压力又逐渐增大。桩身继续贯入，当传感器位于 7~10 m 深度处，即位于粉质黏性土层时，径向土压力增幅较小，再次体现了黏土层中会存在"井壁"效应。当传感器贯入深度超过 10 m 之后、即进入粉土层时，径向土压力急剧增大，增长幅度约为 45.6%。从以上分析可以看出：径向土压力的变化与土层有关，当桩侧土为粉土层或黏聚力较小土层时，桩侧径向土压力随贯入深度的增加，其增幅较大；当桩侧土为黏性土或黏聚力较大的土层时，桩侧径向土压力随贯入深度的增加，其增幅较小。由此可知，桩侧径向土压力的大小与土层性质是密切相关的。

由图 7.6 还可以看出：在同一深度处，随着桩身的贯入，桩侧径向土压力逐渐减小，表现出桩侧径向土压力的"退化现象"，即距桩端越远的传感器在同一贯入深度处桩侧径向土压力越小。由侧摩阻力的形成机理，更加进一步解释说明了在同一深度处桩侧摩阻力存在退化现象，这也与本章 7.4.2 部分中的结论相对应。从曲线可得知，1 号传感器和 2 号传感器在同一深度处所测得数据相差较大，即桩侧土压力的退化较大。而其他传感器之间的退化幅度较小。这说明在桩端刚刚破土向下穿越时冲剪土体对桩侧土体的应力释放和土体剪切破坏强度最大，之后随着桩身的不断贯入，桩 - 土之间的剪切不断进行，桩侧土体的应力不断释放，但是退化幅度小于刚刚破土时的退化幅度。从 1 号传感器和 2 号传感器曲线相比较，在粉土层时退化幅度较小，约为 10.5%~23.4%，粉质黏土层时退化幅度较大，约为 33.4%~44.5%，这是由于粉质黏土层的黏聚力大于粉土层，在贯入过程中粉质黏土层的"井壁"效应强于粉土层，所以粉质黏土层的退化幅度大于粉土层。沉桩结束后，由 1 号传感器和 5 号传感器的曲线可知，桩侧土压力的退化幅度最大约为 55.97%，由此可知，在沉桩过程中桩侧径向土压力存在明显的退化现象且退化幅度较大，所以在估算沉桩过程中的桩侧摩阻力时需考虑桩侧径向土压力的退化现象。

7.5.2　桩－土界面孔隙水压力分析

通过对试桩 PJ1 桩身安装的硅压阻式孔隙水压力传感器读取的数据以及在沉桩过程中的传感器的入土深度，绘制出了沉桩过程中桩－土界面处孔隙水压力随传感器入土深度的变化曲线，如图 7.7 所示。

由图 7.7 可知，随着传感器贯入深度的增加，孔隙水压力呈增大趋势，其增长幅度也随土层的变化而不同。以距桩端最近处的 1 号传感器为例，分析孔隙水压力随贯入深度的变化规律。由工程场地的勘察报告可知，试验区的地下水位位于地表以下 1 m 左右，所以在 0~1 m 之间孔隙水压力很小，其值接近于 0，在曲线中 0~1 m 变化很小，当桩身继续贯入，桩端位于地下水位以下时，孔隙水压力急剧增大，这说明桩端处发生剪切破坏时土体被挤压扩张，导致孔隙水压力急剧增大。桩身继续贯入，当桩端位于 4~5 m 以及 7~10 m 时孔隙水压力的增幅大于桩端位于其他位置时的增幅，这是因为 4~5 m 以及 7~10 m 是粉质黏土层而其他土层为粉土层，粉土层的渗透性较大，有利于孔隙水的消散与排除；而粉质黏土层的渗透性较差，不利于孔隙水的消散和排除，所以当桩端在粉质黏土层中贯入时孔隙水不易消散致使孔隙水压力增大得较快，而桩端在粉土层贯入时孔隙水消散较迅速使孔隙水压力增大得较慢。这也与张忠苗等通过现场测试发现的规律相一致。由以上分析可知，现场静力压入沉桩时，桩－土界面的孔隙水压力并不像室内模型试验呈线性增长的，其增长速度随土层的变化而变化。

进一步分析图 7.7，可以发现在同一贯入深度处，随着桩身的贯入孔隙水压力逐渐减小，这是因为桩的贯入过程中桩身与桩侧土不断地发生剪切，在剪切过程中排水通道增加，从而有利于孔隙水的消散，表现出同一贯入深度处，

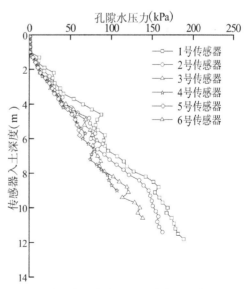

图 7.7　孔隙水压力随贯入深度变化曲线

随着桩身的贯入孔隙水压力逐渐减小。由图 7.7 中还可以发现，1 号传感器和 2 号传感器所测同一深度处的孔隙水压力呈减小的趋势，并且在粉土层的减小幅度最大，减小幅度约为 12.7%，在粉质黏土层的减小幅度较小，减小幅度约为 7.3%，进一步说明了粉土层比粉质黏土层的渗透性大，更有利于孔隙水的消散。

7.5.3　桩 - 土界面超孔隙水压力分析

由试桩 PJ1 桩身安装的硅压阻式孔隙水压力传感器测得的孔隙水压力以及静水压力可计算得出沉桩过程中的桩 - 土界面处的超孔隙水压力，绘制出了贯入过程中桩 - 土界面处超孔隙水压力随传感器贯入深度的变化曲线，如图 7.8 所示。

图 7.8 反映了静压桩贯入过程中桩 - 土界面处超孔隙水压力随贯入深度的变化曲线，从图中可以看出其变化形式呈非线性增加，其变化形式呈一定的波动性。在 4 ~5 .5m 范围内以及 7~10 m 范围内超孔隙水压力急剧增大，对应勘察报告可以发现，在 4~5.5 m 以及 7~10 m 范围内是粉质黏土层，粉质黏土层的渗透性较小，孔隙水比较难消散，在沉桩过程中超孔隙水压力增长较快，而在 5.5~7 m 范围内以及在 10~12 m 范围内，超孔隙水压力增长趋势不明显，曲线呈现一定的"波动"型，这是因为在 5.5~7 m 以及 10~12 m 范围内是粉土层，粉土层的渗透性较大，孔隙水比较容易消散，所以当桩身在粉土层贯入时，引起的超孔隙水压力的变化较小。这也与张忠苗 等研究结果相一致。

进一步分析图 7.8 可知，在同一贯入深度处，随着桩身的贯入超孔隙水压力呈减小趋势，但是随着贯入深度的增加，其减小的幅度逐渐减小，与孔隙水压的变化趋势相

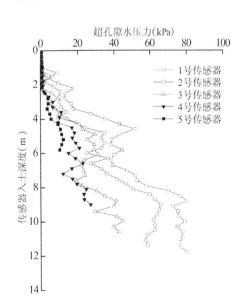

图 7.8　超孔隙水压力随贯入深度变化曲线

一致，其减小原因不再赘述。从图 7.8 中可以看出，在 5 m 左右以及 10 m 左右处，由 1 号传感器和 2 号传感器测试显示，超孔隙水压力的降幅较大，其降幅分别约为 34.05%、21.53%，这是因为在粉土与粉质黏土的交界面，交界面上侧的粉质黏土层渗透系数较小，孔隙水不易消散，而交界面下侧的粉土层渗透系数较大，孔隙水容易消散。所以当 2 号传感器贯入到交界面处时，随着孔隙水的消散致使超孔隙水压力的降幅较大。

超孔隙水压力随贯入深度的变化规律已成为诸多学者研究的焦点，唐世栋和朱向荣等通过圆柱孔扩张理论并结合 Henkel 公式可得到桩周土在塑性区、弹性区以及桩身表面处的超孔隙水压力计算公式。并根据在现场实测塑性区中土体的超孔隙水压力通过曲线拟合推算出桩 – 土界面处的超孔隙水压力，从而与理论计算值做对比分析，以上方法所得的超孔隙水压力值均为估算值，得出的结论准确性低。王育兴 等通过利用水力压裂理论结合孔穴扩张理论推导出了沉桩过程中在桩 – 土界面处超孔隙水压力的计算公式，并分析了孔穴扩张与沉桩过程产生的超孔隙水压力的差别原因。

本次试验通过安装的硅压阻式孔隙水压力传感器可直接计算出桩 – 土界面处的超孔隙水压力，并运用王育兴等通过水力压裂理论和孔穴扩张理论推导出的公式计算出桩 – 土界面处的理论值，将理论值与实测值进行比较分析。桩 – 土界面处的超孔隙水压力公式如下：

竖向开裂：

$$\Delta u_{im} = \left[\ln I_r + K_0 \frac{\sigma'_{v0}}{C_u} - \frac{1}{2} \right] c_u \qquad (7.1)$$

水平向开裂：

$$\Delta u_{im} = \left[\ln I_r + \frac{\sigma'_{v0}}{C_u} + \frac{1}{2} \right] c_u \qquad (7.2)$$

式中：K_0——土侧压力系数；

σ'_{v0}——土体单元的有效上覆压力，$\sigma'_{v0} = \gamma' z$；

C_u——不排水抗剪强度；

I_r——刚度指数，$I_r = G/c_u = E_u / 2 (1+v) c_u$；

E_u——不排水三轴试验的初始切线模量；

v——土体的泊松比。

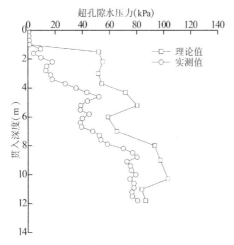

图 7.9 理论值与实测值对比图

一般情况下，在沉桩过程中不会同时出现竖向裂缝和水平裂缝，故在运用此公式取值时，取两者的较小值作为沉桩过程中产生的超孔隙水压力。

根据水力压裂理论以及王育兴等研究结果，并结合工程地质勘查报告以及查阅相关资料计算得出了沉桩过程中桩 - 土界面处超孔隙水压力理论值。绘制出随贯入深度的变化曲线并与现场试验 1 号传感器所测的数据进行对比分析。对比曲线如图 7.9 所示。

由图 7.9 可知：理论计算值与现场试验值两者的曲线变化形态相吻合，在浅层土中两者的差值较大，产生差距的原因有：①沉桩时浅层土体不仅产生水平位移而且还易产生引起土体隆起的竖向位移，这样就形成了较好的排水通道。而理论计算时并不考虑此原因，从而使实测的超孔隙水压力较小。②地质勘查报告中给出的地下水位位于 1 m 左右，但实际水位可能会低于 1 m，这也是致使浅层土体超孔隙水压力值较小的原因。③也可能存在于理论计算时土体参数的取值与现场土体参数存在误差。随着桩身贯入深度的增加，实测值与理论值的差值逐渐减小，两者的数值逐渐接近。这是因为在理论计算时，认为超孔隙水压力的产生与上覆有效压力有关，并且在现场试验中随着桩身贯入深度的增大，土体的饱和度也逐渐增大，使得超孔隙水压力的实测值与理论计算值更接近。从曲线变化规律可知随着桩身贯入深度的增大，超孔隙水压力理论计算值更精确。这也与唐世栋等、朱向荣 等研究结果是相对应的。由以上分析说明了现场实测值的准确性以及验证了利用水力压裂理论结合孔穴扩张理论推导出的公式在桩 - 土界面处计算出的超孔隙水压力值符合工程实际，这与王育兴 等通过现场测试发现的规律相一致。

7.5.4　桩－土界面有效径向土压力分析

　　根据试验安装的硅压阻式土压力传感器和硅压阻式孔隙水压力传感器，可计算得出桩－土界面处的有效径向土压力 $\sigma'=\sigma-u$（σ 为桩－土界面处总径向土压力；u 为桩－土界面处超孔隙水压力）。并绘制出有效径向土压力随传感器入土深度的变化曲线，如图 7.10 所示。

　　由图 7.10 可知，有效径向土压力随贯入深度的变化规律并不像径向土压力随贯入深度的增加逐渐增大，增长趋势随着土层的变化而变化。现在以距桩端最近的 1 号传感器的变化曲线分析有效径向土压力随贯入深度的变化规律。当贯入初期即桩端位于地下水位线之上时，有效径向土压力基本呈线性增大，这时孔隙水压力很小几乎为零，有效径向土压力几乎等于径向土压力，所以其变化规律与径向土压力的变化规律相一致。桩身继续贯入，当桩身在 2.5~4 m 以及 5.5~7 m 范围内贯入时，有效径向土压力呈"波动"型增长且增长幅度较小，这是因为在 2.5~4 m 和 5.5~7 m 范围内为粉土层，粉土层的渗透性较大，孔隙水极易消散或排除，超孔隙水压力的增大趋势不明显，而随着贯入深度的增加径向土压力逐渐增大，使有效径向土压力呈现出"波动"型增长。当桩身在 4~5.5 m 以及 7~10 m 范围内贯入时，有效径向土压力不仅没有增大反而呈现出减小的趋势，分析原因有：在 4~5.5 m 和 7~10 m 范围内为粉质黏土层，粉质黏土的渗透性较小，当桩身在粉质黏土层贯入时，孔隙水压力比较难消散或排除，容易产生较大的超孔隙水压力，所以使有效径向土压力减小，其变化规律呈减小趋势。当桩身贯入深度超过 10 m 之后，桩－土界面处的有效径向土压力又迅速增加。这是由于深度超过 10 m 之后存在厚度较大的粉土层，粉土的渗透性较大并且在桩身贯入过程中，桩－土之间不断的剪切破坏极易形成排水通道，使孔隙水易消散；其次，随着贯入深度的增加

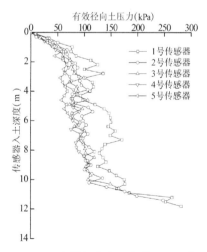

图 7.10　有效径向土压力随贯入深度变化曲线

上覆有效重度也逐渐增大。所以使桩身贯入深度超过 10 m 之后，桩 – 土界面处的有效径向土压力迅速增大。

进一步分析图 7.10 可以发现：有效径向土压力随深度的变化规律与本章 7.4.2 部分中的桩侧摩阻力随贯入深度的变化规律相似，并且在相同贯入深度处有效径向土压力也表现出了一定的退化现象，同时说明同一贯入深度处有效径向土压力的退化与本章 7.4.2 部分中由于荷载传递引起的桩侧摩阻力退化现象是相对应的。实际上，桩侧摩阻力的退化实质就是桩 – 土界面处有效径向土压力的退化。

第

8

章

静压 PHC 管桩颗粒
流数值模拟

8.1　引言

岩土工程的主要研究对象是松散的岩土材料，其物理力学特性表现出各向异性、非均质性、不确定性、离散型等十分复杂的特性。随着我国经济的飞速发展，使得我国基础建设的工程条件越来越复杂，岩土材料在坝体、桥梁、边坡、隧道、公路、地下结构空间等领域随处可见。所以关于研究岩土材料的受力特性显得十分重要。目前现有的研究方法主要是理论分析法和连续介质分析法，这些方法在分析大变形和岩土破坏问题上均带有一定的局限性。离散元模拟方法在解决大变形、非连续性等问题具有很大的优势。它可以从细观角度研究岩土材料破坏的整个过程，从而揭示岩土材料的变形及其力学特征的细观机制。离散元方面目前运用较为广泛的是 PFC2D/PFC3D（Partical Flow Code 2D/3D）软件。颗粒流基于分子动力学思想导出，其研究对象是离散体介质，并且颗粒之间允许完全脱离。由于 PFC 的基本构成是颗粒，不仅可以研究岩土体的破裂和裂纹的发展，还可以分析颗粒间的相互作用问题、大变形问题、断裂问题。从而使得离散元方法在岩土工程中的应用越来越广泛。但是在模拟黏性土时，由于颗粒粒径要求较小导致模型颗粒数目较多以及参数标定较复杂等原因，致使颗粒流用于黏性土中处理难度较大。

8.2　颗粒流数值模拟的基本理论

8.2.1　PFC2D 基本假定

（1）模型中所有的颗粒均视为刚体。

（2）颗粒之间的接触发生在很小的范围内，近似视为点接触。

（3）接触行为具有一定的柔性特性，在所有接触处，允许颗粒之间有一定的重叠量，但是其重叠量远远小于颗粒的半径值。

（4）重叠量与颗粒间的接触力是通过力 – 位移定律获得。

（5）接触处可以赋予黏结特性。

（6）颗粒单元视为圆盘或球（3D）。

8.2.2 PFC2D 的求解方法以及接触判断

离散元中一般有静态松弛法和动态松弛法两种求解方法。动态松弛法就是把非线性的静力学问题转化为动力学问题进行求解，其最大的优势就是利用前一迭代的函数值计算新的函数值。

离散元的基本运动方程为：

$$m\ddot{x}(t)+c\dot{x}(t)+kx(t)=f(t) \tag{8.1}$$

式中：m——单元的质量；

$\quad\quad x$——位移；

$\quad\quad t$——时间；

$\quad\quad c$——黏性阻尼系数；

$\quad\quad k$——刚度系数；

$\quad\quad f$——单元所受的外荷载。

动态松弛法就是假定式（8.1）中 $t+\Delta t$ 时刻之前的变量 $f(t)$、$x(t)$，以及 $x(t-\Delta t)$ 为已知量，并利用中心差分法将式（8.1）转化为：

$$m[x(t+\Delta t)-2x(t)+x(t-\Delta t)]/(\Delta t)^2+c[x(t+\Delta t)-x(t-\Delta t)]/(2\Delta t)+kx(t)=f(t) \tag{8.2}$$

式中：Δt——计算时步。

由式求解可得：

$$x(t-\Delta t)=\left\{(\Delta t)^2f(t)+(\frac{c}{2}\Delta t-m)u(t-\Delta t)+[2m-k(\Delta t)^2]u(t)\right\}/(m+\frac{c}{2}\Delta t) \tag{8.3}$$

由式（8.3）可以求得 $x(t-\Delta t)$，进而可以计算得出在 t 时刻颗粒的加速度。

$$\dot{x}(t)=[x(t+\Delta t)-x(t-\Delta t)]/(2\Delta t) \tag{8.4}$$

$$\ddot{x}(t)=[\dot{x}(t+\Delta t)-2x(t)+x(t-\Delta t)]/(\Delta t)^2 \tag{8.5}$$

由以上计算可以看出，离散元进行松弛求解时，是一种显示解法。不需要进行求解繁琐的矩阵方程，并且可以允许颗粒单元发生较大的转动与平移，成功避开了有限单元和边界单元法的小变形假设，可用于分析非线性问题。

8.2.3 颗粒流方法基本方程及物理模型

因为颗粒之间的运动不需要满足变形协调方程，所以离散元模型相比于连续有限元模型不需要同时满足平衡方程、物理方程和变形协调方程。但是相邻颗粒之间的运动又不是完全自由的，颗粒之间会有阻力的影响，PFC软件中通过一种内置的物理方程来支配颗粒之间的接触力大小与相对位移，故颗粒流模型只需要满足平衡方程即可。

在 PFC 模拟分析过程中，是以力－位移定律和牛顿第二定律为基本理论，在模拟过程中，通过力－位移定律不断更新接触力的大小；而颗粒与墙体的位置是通过牛顿第二定律不断更新，从而重新更新颗粒与颗粒之间的接触关系。其计算过程如图 8.1 所示。

图 8.1　PFC 迭代过程示意图

需要说明的是，颗粒单元与"墙单元"是颗粒流模型中最基本的单元，颗粒单元就是组成材料介质的单元如土颗粒，"墙单元"一般是用来生成模型的边界条件单元，但是在墙单元上不能直接施加力，而是通过施加速度从而间接地达到颗粒集合的位移和力的边界条件，并且作用在"墙单元"上的接触力与其运动无关，所以"墙单元"的运动不需要满足运动方程。

（1）物理方程。

物理方程就是表示模型中接触颗粒之间的接触力与相对位移的关系。在颗粒流模型中有"颗粒－颗粒"接触与"颗粒－墙"接触两种接触。接触示意图见图 8.2。

假设两接触单元之间的法向接触力 F^n 与相对位移量 U^n 成正比，即：

$$F_1^n = K^n U^n n_i \tag{8.6}$$

式中：K_n——法向接触刚度系数；

　　　n_i——接触法向。

由于颗粒所受的切向接触力即剪切力与颗粒运动和荷载历史或路径有关，所以剪切以增量的形式来计量。当接触刚刚形成时，总的剪应力初始化为零，此后每一时步发生的相对位移所引起的剪切力累加至当前值，其公式为：

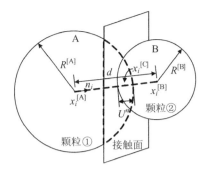

| 颗粒–颗粒接触示意图 | 颗粒–墙体接触示意图 |

图 8.2　颗粒接触模型

$$\Delta F_1^S = -k^S \Delta U^S \tag{8.7}$$

式中：k^S——切向接触刚度系数；

ΔU^S——法向相对位移量。

（2）运动方程。

运动方程由两组两向量方程表示，一组为表征不平衡力与平衡位移的关系，另一组为表征不平衡力矩与旋转运动的关系，假设在时间 t_0 时刻颗粒在 x 方向的合力为 F_x，弯矩为 M_x，转动惯量为 I_x。

所以颗粒在 x 方向平均加速度和转动加速度分别为：

$$\ddot{u}_x(t_0) = \frac{F_x}{m} \tag{8.8}$$

$$\dot{w}_x(t_0) = \frac{M_x}{I_x} \tag{8.9}$$

式中：F_x——x 方向的不平衡力；

m——颗粒质量；

M_x——不平衡力矩；

I_x——角动量。

对上式采用向前差分格式进行积分，在 $t_1 = t_0 + \dfrac{\Delta t}{2}$ 时，颗粒在 x 方向速度和转动速度为：

$$\dot{u}_x(t_1) = \dot{u}_x(t_0 - \frac{\Delta t}{2}) + \ddot{u}_x(t_0)\,\Delta t \tag{8.10}$$

$$\omega_x(t_1) = \omega_x(t_0 - \frac{\Delta t}{2}) + \dot{w}_t(t_0)\,\Delta t \tag{8.11}$$

式中：t_0——起步时间；

  Δt——时步，$t_1=t_0+\Delta t$。

8.2.4 颗粒流的接触模型

在 PFC 软件中各种材料的本构模型或本构关系是通过接触的本构模型来实现的。在颗粒流中接触的本构模型可分为：接触刚度模型、接触滑动模型、接触粘结模型。接触刚度模型主要表征颗粒接触力和相对位移之间的弹性关系，在 PFC 软件中提供了线性刚度模型和 Hertz-Mindlin 模型，两种模型不允许混合使用，其中 Hertz-Mindlin 模型适用于模拟无粘结、小变形以及只受压应力的颗粒体系；接触滑动模型主要刻画法向和切向接触力之间的关系，是用摩擦系数来定义的，该模型一般与其他模型共同使用，但是不能与接触粘结模型同时存在；粘结模型是对法向力和切向力的合力最大值的规定，在 PFC 软件中给出了两种粘结模型，即接触粘结模型和平行粘结模型，如图 8.3 所示。接触粘结模型类似于点接触的很小范围内的粘结，只能传递力的大小，而平行粘结模型是在颗粒间注入一定截面尺寸形状和尺寸的粘结材料的粘结，不仅能传递力还能传递力矩，两种模型可以同时存在，但是在墙与颗粒之间不能设定粘结模型。

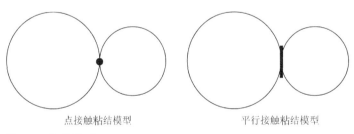

点接触粘结模型　　　　　　　　平行接触粘结模型

图 8.3　粘结模型

接触粘结模型包括两个参数：法向粘结强度、切向粘结强度。当颗粒间的重叠量 $U^n<0$ 时，说明颗粒间无接触，此时接触粘结表现为张力，当法向接触力大于法向粘结强度时，接触破裂粘结失效，并且法向和切向接触均归为 0。当切向接触力大于切向粘结强度时，接触破裂粘结失效，若切向力小于摩擦极限时，接触力保持不变。接触粘结即为点接触表征为一个力。接触本构关系如图 8.4。

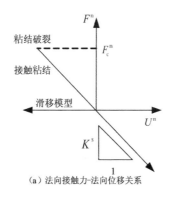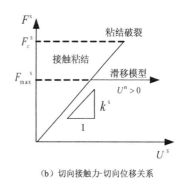

|(a)法向接触力-法向位移关系|(b)切向接触力-切向位移关系|

图 8.4　接触粘结模型本构关系

平行粘结模型包括五个参数：法向和切向刚度、法向和切向强度、粘结半径。平行粘结反映了颗粒之间有限孔隙内填充胶合材料的本构特性，此模型可以与滑动模型以及接触模型同时存在。平行粘结表征为一个力和一个力矩。

8.2.5　PFC 数值模拟步骤

建立 PFC 数值模拟模型以及计算运行步骤如下：

（1）根据模拟对象确定所建立模型的尺寸以及颗粒单元的半径和颗粒的数量。

（2）结合模拟对象的材料组成，赋予颗粒的密度、刚度等以及颗粒间的接触参数，如粘结强度参数、摩擦强度参数、变形参数。

（3）构建简单的试样模型，对初始赋予的颗粒物理力学参数和颗粒接触的细观参数进行一系列的模拟试验。对细观参数不断进行标定，并将获得的试验结果与工程实际或理论值所得规律进行对比，从而得到与模拟对象相符合的细观参数。

（4）通过施加荷载，不断调整模型的边界几何位置以及边界荷载使模型试样的初始应力状态与实际工程的初始应力条件相符。

（5）布置好相应的监测点，如速度、位移和不平衡力等监测。

（6）对模拟数据进行提取、整理与分析，并与现场试验所得规律进行对比分析。

8.2.6　PFC 数值模拟的优点

PFC 模拟岩土体与其他连续数值模拟相比，有着不可比拟的优势：

（1）对模拟的变形位移大小没有限制，可以有效地模拟大变形问题。

（2）能有效地模拟介质基本特性随应力环境的变化。

（3）能反映介质的连续非线性应力 – 应变关系以及应变软化和硬化问题。

（4）能展现出材料裂缝的产生过程。

（5）能实现对岩土体历史应力 – 应变记忆特性的模拟。

8.3　室内试验颗粒流数值模型的建立

8.3.1　室内模型地基的生成

地基土是由颗粒组成，传统的生成颗粒的方法是落雨法，即在较大空间中形成足够多的颗粒，利用颗粒自重自由下落，经过多次循环达到平衡，但这种方法生成的土样会造成颗粒间的压实，导致颗粒间的初始应力场发生改变。而 Duan 等提出 GM（Grid Method）法，该方法不会改变颗粒间的初始应力。本文地基土的生成采用 GM 法，先生成整个模型框架，后将模型划分成均等的小区域，颗粒从左到右、从上到下依次填满各个小区域，最终生成整个地基土。

根据室内试验的装置、试验桩将其缩小 10 倍进行颗粒流数值模拟，缩小之后的重力场会减小，使模拟结果与试验结果有差别，为了克服这一弊端将重力加速度增大至原来的 10 倍。模型框架由墙体组成，其尺寸为 300 mm × 200 mm（长 × 高），墙体的四面按逆时针生成，形成一个封闭的试验槽，如图 8.5 所示。

彭国园 等认为像混凝土、强度较大的岩石等材料，颗粒之间的接触关系采用平行粘结模型；对于强度较小的软土，颗粒之间的接触关系采用接触粘结模型。接触粘结模型颗粒接触为点接触，表征为一个力，若法向、切向接触张力大于法向、切向粘结强度，则接触点破坏粘结失效。接触粘结模型示意图如图 8.6 所示。接触粘结模型的本构关系如图 8.7 所示。

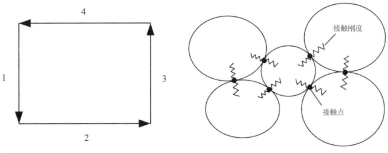

图 8.5 试验槽生成顺序示意图　　　图 8.6 接触粘结模型示意图

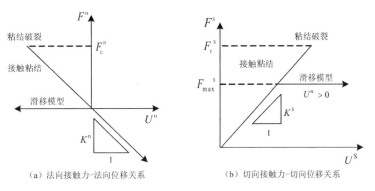

（a）法向接触力-法向位移关系　　　　　　　（b）切向接触力-切向位移关系

F^n、F^s—法向、切向接触力；U^n、U^s—法向、切向位移；$U^n>0$—颗粒重叠；
F_c^n、F_c^s—法向、切向接触粘结强度

图 8.7 接触粘结模型的本构关系

　　本次模拟地基土为均质黏性土，因此颗粒的接触关系采用接触粘结模型，最大颗粒半径为 0.51 mm，最小颗粒半径为 0.3 mm。地基土分 10 层生成，每一层有 15 个小区域，每个小格的尺寸为 20 mm × 20 mm，命名方法为从左到右、从上到下，表示方法为 GM_{i-j}（i、j 分别表示网格区域的行、列数），每开始生成一层时会先生成一系列的小竖墙和墙 5 进行分隔（一层土体生成之后会删除小竖墙及墙 5，生成下一层时会重新生成小竖墙及墙 5，如此循环直至土层生成完毕），地基土的初始孔隙率为 0.3，每个小格生成 300 个颗粒，每层生成 4500 个颗粒，总共的颗粒为 4.5 万个，土层的细观参数如表 8.1 所示，土层生成过程如图 8.8 所示。由于是在一定孔隙率的条件下生成的颗粒，每个网格里的颗粒平衡之后，再进行下一个网格颗粒的生成，且每生成一层也需平衡之后再生成下一层，因此土层生成后并不是完全充满网格，土层生成并附上颜色如图 8.8（f）所示，以便更好地观

察沉桩过程中土体的运动，从图中可以看出在 10 层土生成后，并没有完全充满试验槽。

土层细观参数 表 8.1

土层	密度（kg·m⁻³）	k_n(N·m⁻¹)	k_s(N·m⁻¹)	n-bond(N)	s-bond(N)	摩擦系数
1~10	2730	1×10^7	1×10^6	500	150	0.25

注：k_n—法向接触刚度；k_s—切向接触刚度；n-bond—法向粘结强度；s-bond—切向粘结强度。

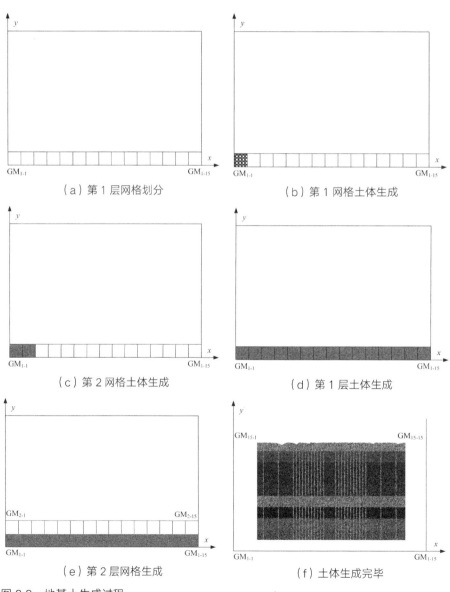

（a）第 1 层网格划分　　　　（b）第 1 网格土体生成

（c）第 2 网格土体生成　　　　（d）第 1 层土体生成

（e）第 2 层网格生成　　　　（f）土体生成完毕

图 8.8　地基土生成过程

8.3.2　桩体的生成

模型桩是由半径为 0.5 mm 的颗粒组成，包括桩顶、桩壁及桩端，颗粒与颗粒之间相互重叠，两相邻颗粒的距离为 0.1 mm，对模型试验进行比例缩尺 10 倍，本书共对 3 根模型桩进行沉桩模拟，桩径分别为 14 mm、10 mm 的闭口桩和 14 mm 的开口桩，桩长均为 100 mm，编号分别为 M1、M2、M3，其中开口桩 M3 为双壁，组成内外壁的颗粒相同，桩壁之间距离 3 mm。桩体生成示意图如图 8.9 所示。

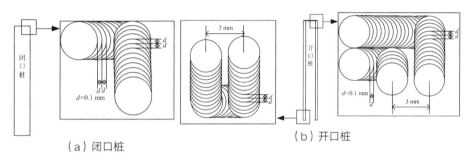

（a）闭口桩　　　　　　　　　（b）开口桩

图 8.9　桩体生成示意图

8.4　现场试验颗粒流数值模型的建立

8.4.1　地基的生成

与室内试验地基生成的过程类似，同样采用 Duan&Cheng 提出的生成土颗粒模型的新型方法即 GM（Grid Method）法。GM 法就是将生成土样的模型划分为许多小区域，在生成土颗粒时按照从左到右、从上到下的顺序依次生成，最终生成土体模型。

根据现场试验以及试验桩尺寸，并通过预模拟试验，将数值模型的尺寸缩小为原来尺寸的 40 倍，但是缩尺之后会导致模型内重场减小，从而使模拟结果不能反映出足尺时的实际应力状态。为了克服模型内重力场的减小问题，可依据离心机原理将土颗粒的重力加速度增大 40 倍即为 40g。最终确定

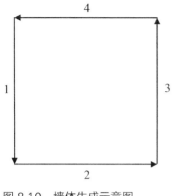

图 8.10 墙体生成示意图

模型的尺寸为 450 mm × 700 mm（宽 × 高），土颗粒的生成方式采用 GM 法，在生成颗粒之前首先生成模型试验的边界即墙体。按照逆时针生成 4 个墙体，组成一个封闭的试验槽，如图 8.10 所示。将试验槽划分为许多大小相同的网格，网格划分从试验槽的左下角开始，从左到右，由下到上依次进行划分命名，网格的命名表示为 GM_{i-j}，i 表示为网格的行数，j 表示为网格的列数。再生成土样颗粒时，每一层从左边小网格依次生成，土样的颗粒半径根据现场试验的勘察报告中不同土层来设定颗粒半径大小，并经过一系列不断试错的过程，最终确定了土样的颗粒的最大半径为 0.7 mm。

土样颗粒是采用 GM 法在 40g 的环境下生成，在网格划分的基础上，依次进行土样的生成，现以图 8.11 所示，对 GM 法生成土样的过程进行简单的说明及描述。

模型中的网格是利用刚性墙体来模拟的，作为临时边界，其中一层的临时边界包括 1 条横墙和 10 条竖墙（由于墙体具有单面有效性，所以在网格与网格之间会自上而下和由下向上生成两条墙体），如图 8.11（a）所示。墙体网格生成后，在网格中生成土样颗粒，颗粒生成后在自重应力下平衡，如图 8.11（b）所示。当网格中的颗粒平衡结束后，再进行下一个网格的生成颗粒与平衡，依次循环最终生成一层土样，如图 8.11（d）所示。生成一层颗粒之后，系统自动删除所有的竖向临时边界墙体，删除之后整层颗粒在自重应力之下进行平衡，如图 8.11（e）所示。整层颗粒平衡完之后，会固定最上层的小部分颗粒作为下一层的底部墙体，之后删除上一层的横向临时墙体，再生成下一层的竖向临时墙体和横向临时墙体，如图 8.11（f）所示。之后重复上一层的步骤，最终生成所有颗粒。

本模型共生成 12 层颗粒，每层土样的高度为 5 cm，其中模型底端 5 层为砂土层，颗粒最大半径为 1.76 mm，最小半径为 1.12 mm，土样的初始孔隙率为 0.25。其余 7 层模拟的黏性土层，颗粒最大半径为 0.7 mm，最小半径为 0.45 mm，土样的初始孔隙率为 0.3，共生成 119880 个土样颗粒。在选

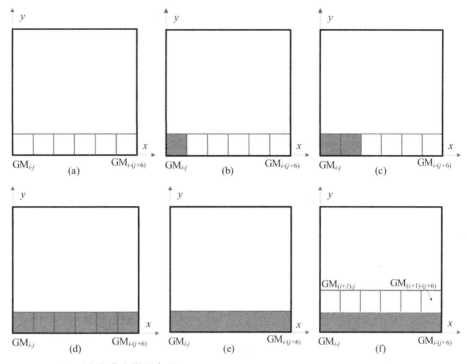

图 8.11　GM 法生成土样示意图

择颗粒接触模型时，参考周健，周博，陈建峰 等研究成果，黏性土主要采用接触粘结和平行粘结，而接触粘结与平行粘结相比较，接触粘结的物理意义更符合黏性土材料。所以，本次选用接触粘结模型作为颗粒间的接触关系。在进行颗粒间细观参数赋值时，根据现场土层性质以及参考已有研究成果的经验方法进行赋值。土体颗粒的细观物理参数指标见表 8.2。土样生成之后，为了方便观察

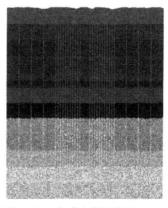

图 8.12　生成土样示意图

沉桩过程中土颗粒的变形和运动，从而把每层土颗粒赋予不同的颜色。为观察由于挤土效应产生的水平位移，在竖向位置相隔一定的间距赋予球体为白色的条带，并且白色条带在距桩体较近处较为密集，距桩体较远处较为稀疏，如图 8.12 所示。

土层细观参数   表 8.2

土层	密度 (kg/m³)	法向接触刚度 (N/m)	切向接触刚度 (N/m)	法向粘结强度 (N)	切向粘结强度 (N)	摩擦系数
1	2720	1e7	1e7	500	250	0.27
2	2710	5e7	5e7	500	250	0.756
3	2720	1e7	1e7	1000	500	0.32
4	2720	1e7	1e7	1000	500	0.46
5	2710	5e7	5e7	500	250	0.79
6	2720	1e7	1e7	1000	500	0.502
7	2710	5e7	5e7	500	250	0.78
8~12	2650	8e8	8e8	—	—	0.5

8.4.2 桩体的生成

模型桩的生成采用 Duan Nuo 提出的桩体生成方法,桩体是由许多远小于桩径的颗粒组成,组成桩顶、桩端以及桩壁,颗粒与颗粒之间相互重叠,两相邻颗粒之间的重叠量为 d_{pp},如图 8.13 所示。

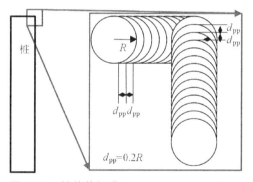

图 8.13 桩体的组成

本模型采用此方法生成 3 种不同桩径的闭口管桩,桩长为 30 cm,桩径分别为 10 mm、20 mm、30 mm。其中桩长为 30 cm、桩径为 10 mm 的模型桩是根据现场试验桩等比例缩尺 40 倍生成的,模型桩的物理参数参照现场 PHC 管桩取值。

模拟过程中,在模型桩桩顶沿桩轴心分级施加竖向荷载,竖向荷载分级等量施加,在每级荷载之下,系统进行循环平衡,直到此级荷载下桩体位移达到最大值,然后再施加下一级荷载。

第

9

章

室内试验颗粒流数值
模拟结果分析

9.1 引言

模拟过程中，采用分级加载，在每级荷载作用下进行循环平衡，待平衡后施加下一级荷载，沉桩终压以桩长为准，压桩结束后对数据进行提取，经处理得到了压桩力、桩侧土压力、桩端阻力、桩侧摩阻力随贯入深度的变化曲线。而且可以得到沉桩过程中桩周土体及桩端土体位移变化和接触力链的变化情况，实现了从细观角度分析了沉桩过程中的宏观特性。

9.2 压桩力分析

在沉桩过程中，编写程序设定跟踪生成桩顶中间的一个颗粒，将此颗粒位置作为荷载作用点，沉桩结束后经过运行数据提取程序得到压桩力与位移之间的变化曲线，如图 9.1 所示。

从图 9.1 中可以看出，模型桩 M1~M3 压桩力随着贯入深度的变化趋势相似，均是随着深度的增加逐渐增大，3 根模型桩的终压力分别为 15.6 kN、12.3 kN、13.8 kN。贯入初期压桩力随着贯入深度的增加，压桩力近似呈线性增长，其原因是桩端刚破土时，桩端破坏土体原有的结构及性质，受到的阻力较大。随着桩身继续贯入，压桩力随贯入深度增长速率降低，由于各模型桩的桩端形式及桩径的不同在数值上有所差别，相同桩径不同桩端形式，开口桩的压桩力小于闭口桩；不同桩径相同桩端形式，桩径较小的压桩力较小。究其原因，桩径较大的闭口桩在沉桩过程中桩侧和桩端与土体的接触面积较大，产生的挤土效应较强，受到的沉桩阻力较大。

模拟沉桩过程是将室内试验进行比例缩尺 10 倍，室内试验中试验桩 SZ2、SZ3、SZ4 分别对应着数

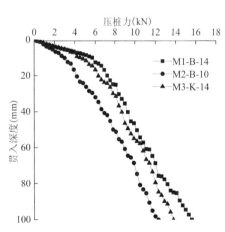

注：图中 B 表示闭口；K 表示开口；14、10 分别表示 14 mm、10 mm。

图 9.1 压桩力与贯入深度关系曲线

值模拟中模型桩 M1、M2、M3。将各试验桩和模型桩压桩力随贯入深度的变化趋势进行归一化处理比较分析，如图 9.2 所示。

从图 9.2 中可以看出，试验与模拟的压桩力归一化之后的曲线形式基本吻合，说明试验与模拟压桩力随贯入深度的变化规律基本一致，从而也说明了模拟过程的可行性，但两曲线还存在一定的差异，其原因有：①试验过程中受到的外界干扰的因素较多；②模拟的地基土参数不能完全还原试验中地基土参数，且地基土是由颗粒组成，沉桩过程中，土体颗粒与桩相互作用，以及颗粒与颗粒之间相互作用与室内试验不能完全一致；③试验中地基土在分层振实时某处可能存在不均匀的现象。以上原因导致了模拟与室内试验存在差异。

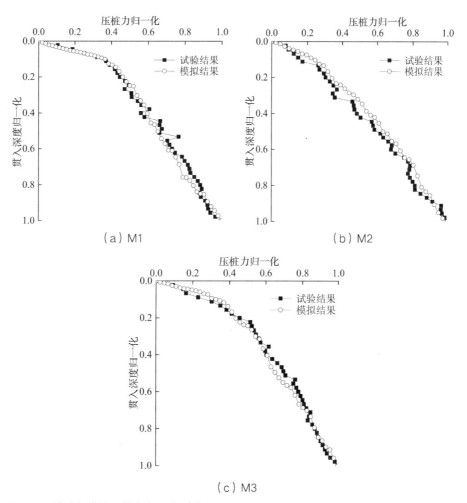

（a）M1　　　　　　　　　　　　　（b）M2

（c）M3

图 9.2　试验与模拟压桩力归一化对比

9.3 桩端阻力分析

跟踪生成桩端的颗粒，得到每个颗粒在沉桩过程所受阻力，沉桩过程中的桩端阻力为各个颗粒所受力之和，开口桩的桩端阻力除桩壁所受阻力外还有沉桩过程中土塞产生的阻力，经整理得出贯入深度与桩端阻力的关系曲线如图9.3所示。

从图9.3中可以看出，随着深度的增大桩端阻力逐渐增大，当贯入深度小于10 mm时，随着深度的

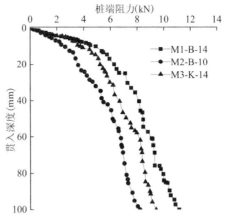

图9.3 桩端阻力与贯入深度的关系

增加桩端阻力近似呈直线增加，当深度大于10 mm时，桩端阻力发挥速度变缓。分析其原因，桩端入土深度较小时，桩侧摩阻力基本未发挥，沉桩阻力主要为桩端阻力，随着桩的入土深度逐渐增加，桩侧土体径向应力增大，桩身与桩周土体的接触面积增大，桩侧摩阻力逐渐发挥，桩端阻力的发挥受到限制，致使桩端阻力的发挥速度变缓，但仍然是沉桩阻力主要的组成部分，沉桩结束时模型桩 M1~M3 所占比例分别为 67.9%、66.7%、68.3%，这与室内试验得到的结果相符。

将试验桩和模型桩桩端阻力随贯入深度变化的结果归一化处理进行比较如图9.4所示。从图中可以看出试验与模拟桩端阻力随贯入深度的变化规律基本相同，尤其在桩端刚入土时，桩端阻力均有快速增长的阶段，是因为在此阶段是由于桩侧摩阻力未充分发挥，沉桩阻力基本是桩端阻力。由于模拟的地基土与试验的地基土不能完全一致因此在沉桩过程中模型桩受到的侧摩阻力有所不同，从而使得模拟桩端阻力与试验桩端阻力归一化的曲线沿深度存在较大差异。

9.4 桩侧摩阻力分析

通过跟踪生成桩的颗粒运行数据提取代码得到桩侧摩阻力，经整理得到

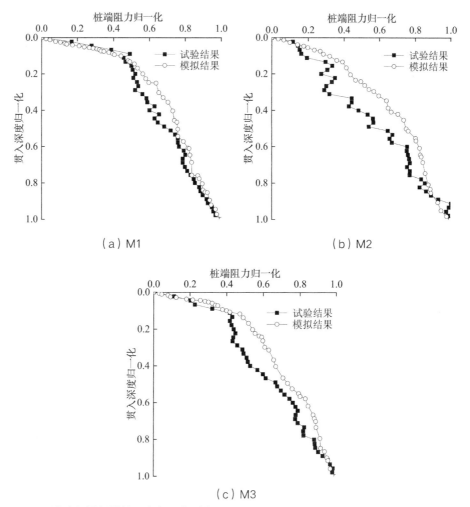

（a）M1   （b）M2

（c）M3

图 9.4 试验与模拟桩端阻力归一化对比

桩侧摩阻力随着贯入深度的变化规律如图 9.5 所示。

由图 9.5 可以发现，在各沉桩深度下，桩侧摩阻力随着深度的增大逐渐增大，究其原因，随着深度的增大，模型桩对桩侧土体的挤密程度增大，桩土界面处土体表面孔隙减少，土体与桩体的接触面积增大，使得桩侧水平应力增大，从而桩侧摩阻力增大。同一深度处桩侧摩阻力随着桩身的不断贯入出现"退化"现象，其原因是在某一深度处随着桩身的贯入摩擦次数的增多，径向应力发生应力释放，使得土压力退化，这与室内试验得出的结果一致。还可以看出：相比模型桩 M2 和 M3，M1 桩侧摩阻力增大的幅度较大，是因为 M1 是闭口桩且桩径较大，沉桩过程中的挤土效应较强，径向应力增

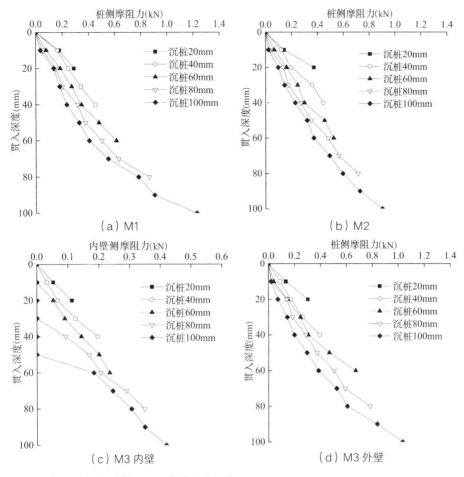

图 9.5　桩侧摩阻力随着贯入深度的变化规律

长较快，因此桩侧摩阻力增大的幅度较大。

　　由图 9.5（c）模型桩 M3 内壁桩侧摩阻力随贯入深度的变化规律可以看出：沉桩结束时 M3 内壁桩侧摩阻力在 0~50mm 范围内桩侧摩阻力为零，50~100mm 范围内桩侧摩阻力开始发生变化，内壁桩侧摩阻力发生变化是由于在沉桩过程中桩端土体颗粒不断涌入管内，涌入管内土体不断与内壁摩擦产生摩阻力，从而说明 M3 沉桩土塞的范围为 50~100mm，约为 3.5D，这与室内试验沉桩结束后土塞的高度相对应。由图 9.5（d）可以发现：沉桩初期桩侧摩阻力增大的幅度较小，随着深度的增大其幅度也增大，分析其原因，沉桩初期土塞未闭塞，挤土效应较弱，随着深度增大土塞逐渐闭塞，模型桩对桩周土体的挤土效应增强，产生的径向应力增大，从而使得桩侧摩阻力增大的幅度变大。比较模型桩 M3 内壁和外侧摩阻力的大小，内壁的侧摩阻力明显小于桩侧摩阻力，说明土塞产生的摩阻力明显小于桩侧土体对外管产生的摩阻力。

9.5　桩侧土压力分析

设定不同贯入深度，跟踪每小段生成桩侧壁颗粒，得到每小段桩壁所受的桩侧土压力，经整理得到桩侧土压力随贯入深度的变化曲线如图 9.6 所示。

从图 9.6 中可知，当桩贯入到某一深度时，随着深度的增大桩侧土压呈增大的趋势，其原因是随着桩身的不断沉入上覆土重逐渐增大以及随着桩

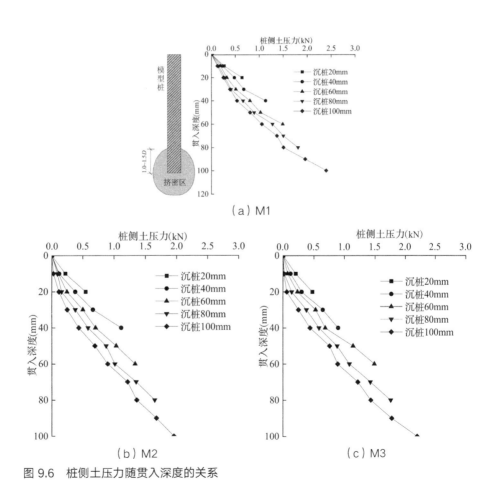

图 9.6　桩侧土压力随贯入深度的关系

身的不断沉入挤土效应加强，致使桩侧土压力的增大。但在同一深度处，随着贯入深度的增大土压力出现退化的现象，出现土压力退化的原因是随着桩身的不断沉入，在某一深度处被摩擦的次数增多，土颗粒不断重新排列，且存在明显的剪切带，使得挤土效应减弱，从而使得土压力减小。这与上文中通过室内试验得到的结果一致，这也是造成同一深度处侧摩阻力发生退化的原因。

从土压力大小及增长速度上比较，模型桩 M1 的土压力较大，且增长的速度也较大，说明闭口桩在沉桩过程中的挤土效应较强，产生的侧向应力较大。相比模型桩 M1，模型桩 M2、M3 的桩侧土压力较小。其原因是模型桩 M2 桩径较小，沉桩过程中需要排开的土体较少，产生的挤土效应较弱；模型桩 M3 是开口桩在沉桩过程中土体不断涌入管内形成土塞，挤土效应较弱，随着贯入深度不断增加土塞逐渐趋向闭塞，当沉桩深度到达 0.5L 时土塞基本闭塞，其受力状态与闭口管桩逐渐趋向一致，其挤土效应逐渐增大，沉桩结束时其土压力与模型桩相差 8.96%。还可以看出，在沉桩过程中随着深度土压力并非均匀变化，且桩端处的土压力有突增现象，其原因是模拟的地基土是由小颗粒组成，在沉桩过程中土体不断运动，土体颗粒之间发生相对位移，经过循环平衡后形成新的黏结方式，在此过程中可能会使得桩土之间产生孔隙，或者某处有土体颗粒始终与桩相互作用，因此土压力的变化不均匀；桩端处土体被扰动的程度最大，挤土效应最强，因此导致土压力突增，经分析突增的范围大致为距离桩端 1.0~1.5D。

9.6　沉桩过程土体运动分析

通过模拟可比较直观地得到静压桩沉桩过程桩端及桩周土体的变化过程，为了更直观地看出土体的运动将 10 层土体通过运行代码附上不同的颜色，沉桩过程中土体变化如图 9.7 所示。

从图 9.7 中可以看出，随着沉桩的进行闭口管桩桩端黏着土体不断形成"锥形"柔性桩尖，且桩径越大桩端黏着的土体越多，锥形桩尖也越大；开口管桩在沉桩过程中由于桩端土体不断涌入管内，仅在桩壁上黏着了少量的土体颗粒，因此开口管桩在沉桩初期桩端未形成"锥形"柔性桩尖。随着沉

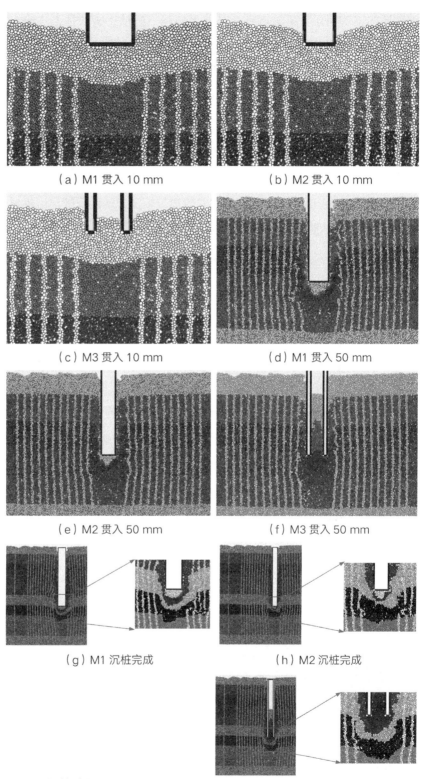

（a）M1 贯入 10 mm

（b）M2 贯入 10 mm

（c）M3 贯入 10 mm

（d）M1 贯入 50 mm

（e）M2 贯入 50 mm

（f）M3 贯入 50 mm

（g）M1 沉桩完成

（h）M2 沉桩完成

（i）M3 沉桩完成

图 9.7　沉桩过程

桩深度的增加闭口管桩桩端不断黏着土体并不断被压密，且土体的均匀性不断发生改变，因此桩端土体运动不规律，致使端"锥形"柔性桩尖不规则；开口管桩 M3 管内土塞逐渐趋于闭塞，当贯入深度为 50 mm 时，土塞基本闭塞，桩端土塞开始黏着土体颗粒形成"锥形"柔性桩尖，闭塞后的开口桩与闭口桩的沉桩原理相同，相比闭口管桩桩底黏着的土体，土塞黏着的土体较多，因此沉桩结束时开口管桩形成的柔性桩端比闭口管桩大。

从图中还可以发现，由于沉桩过程中桩身和桩侧土体不断发生剪切，而形成较明显的剪切带，且模型桩 M1 的剪切带较宽，从而反映出沉桩过程中桩径较大的闭口管桩在沉桩过程中的挤土效应较强，受到的沉桩阻力及桩－土界面土压力也较大，这与上文分析的结果一致。

9.7 接触力链分析

岩土体是由单粒、集粒或凝块等骨架单元共同构成的颗粒组成的复杂离散单元体，PFC2D 能够较好地模拟岩土体这一复杂的单元体，颗粒之间相互接触、相互作用形成力链，众多力链构成一个大的力链网络，力链普遍存在于颗粒体系中，它时刻联系着颗粒体系中每一个颗粒，重力、外荷载、摩擦力、颗粒变形都能促使力链的产生，力链的发展方向与外荷载方向基本一致，且沿着力链传递的方向可以承受较大的荷载，而对切向力的承受能力较弱。由 PFC2D 模拟地基生成后在重力的作用下形成的力链如图 9.8 所示，沉桩过程中的接触力链如图 9.9 所示。

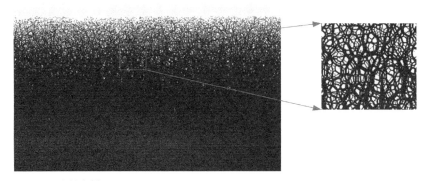

图 9.8 地基力链图

从图 9.8 可以看出，在重力的作用下形成的力链传递方向以竖向为主，同时存在较小的水平和倾斜分叉，还可以看出由于颗粒自重生成的力链上疏下密，从而也说明由 PFC 模拟生成岩土体地基是符合逻辑规律的。从图 9.9 发现，在沉桩过程中出现了深灰色力链，深灰色力链表示在沉桩过程中土体颗粒之间出现了张拉应力。

由图 9.9（a）~图 9.9（i）可以看出，在贯入深度较小时，桩端力链比桩侧力链大的幅值较高，从而反映出在贯入初期桩端阻力增加较快，随着桩身继续贯入桩端处的力链比桩侧力链大的幅值有所降低。这是因为随着桩身的不断贯入，桩侧与土体的接触面积增大，上覆土重逐渐增大，使得桩 – 土界面径向土压力增大，从而桩侧摩阻力增大，桩端阻力始终是沉桩阻力主要的组成部分，但其占的比例有所减小，这与室内试验测得的桩端阻力和桩侧摩阻力的变化规律一致。从力链的方向上分析，距离桩身较近桩侧水平方向的力链较多，距离桩身越远，水平方向的力链越少且多为竖向，这是由于在沉桩过程中土体不断向四周排开产生挤土效应，使得桩侧产生水平应力，致使桩侧周围出现水平方向的力链，随着距离桩身位置越远，水平应力逐渐消散，因此水平方向的力链减小，竖向力链为土体自重产生。

同时可以发现在同一深度处，随着桩身的贯入桩土界面水平方向的力链也呈减小趋势，说明随着沉桩的进行此处桩土界面径向压力逐渐减小，这从细观方面解释了在沉桩过程中在同一深度处，桩土界面径向土压力和桩侧摩阻力出现退化的原因。

9.8　颗粒位移分析

颗粒流离散元是位移分析法，遵循力 – 位移定律和牛顿运动定律，在沉桩过程中土体不断产生位移，即颗粒不断运动，使颗粒之间的接触力重新分布而产生新的力链。沉桩过程中桩周土体不断向外排开，桩端土呈 "三角形" 向四周移动，从而使得桩身能继续下沉，沉桩过程中颗粒的运动方向如图 9.10 所示。

由图 9.10 可发现，在沉桩过程中，闭口管桩桩端处和临近桩身处的桩侧土体位移较大，其原因是随着沉桩的进行桩端土体大部分被排开到桩侧，

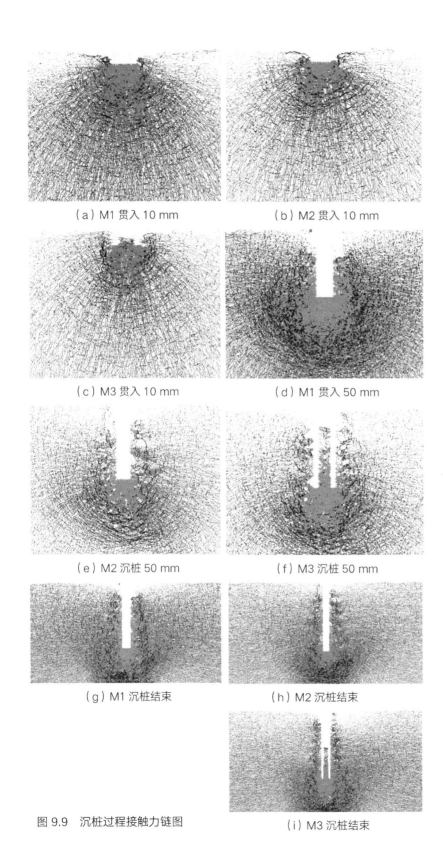

（a）M1 贯入 10 mm （b）M2 贯入 10 mm

（c）M3 贯入 10 mm （d）M1 贯入 50 mm

（e）M2 沉桩 50 mm （f）M3 沉桩 50 mm

（g）M1 沉桩结束 （h）M2 沉桩结束

（i）M3 沉桩结束

图 9.9 沉桩过程接触力链图

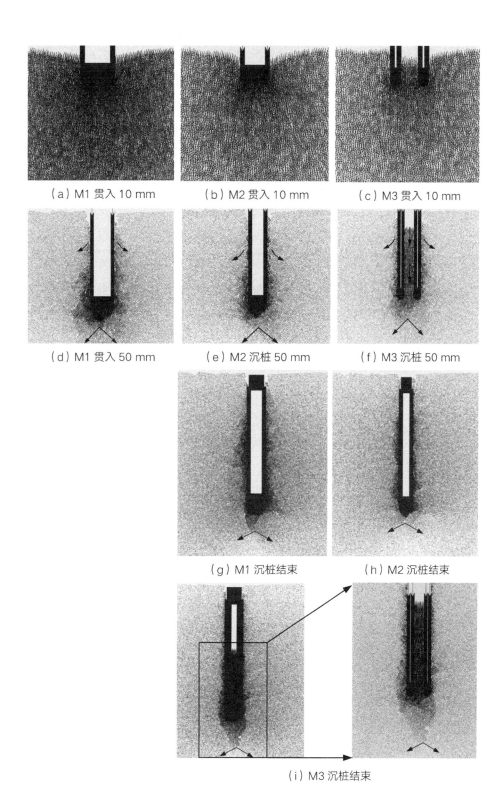

（a）M1 贯入 10 mm　　　　（b）M2 贯入 10 mm　　　　（c）M3 贯入 10 mm

（d）M1 贯入 50 mm　　　　（e）M2 沉桩 50 mm　　　　（f）M3 沉桩 50 mm

（g）M1 沉桩结束　　　　　（h）M2 沉桩结束

（i）M3 沉桩结束

图 9.10　沉桩过程中土体颗粒位移

部分土体被挤压，因此桩端处和临近桩身处的桩侧土体位移较大。对于开口管桩，当贯入深度较小时由于内土塞未闭塞，桩端土体不断涌入管中，桩端向桩侧排开的土体较少，因此土塞位移较大，桩端处及临近桩身处的桩侧土体的位移较小；随着贯入深度不断增大，土塞逐渐发生闭塞，闭塞后的开口管桩与闭口管桩的沉桩机理相似，桩端土体被排开得逐渐增多，土体位移逐渐增大。由于 M1 桩径较大，沉桩过程中的挤土效应较大，因此相比模型桩 M2 桩端处和临近桩身处的桩侧土体发生的位移较大。还可以发现：在沉桩初期，由于桩端破土，桩端土体位移方向均呈向下趋势。随着沉桩的进行逐渐形成"锥形"柔性桩尖，桩尖下土体位移方向呈"三角形"分布，且随沉桩深度不断变明显。当沉桩完成时，从桩端土体为位移的分布上可以看出开口桩比同桩径闭口桩的桩端土体位移大，因此对桩端土体的影响范围较大，这与上文中分析沉桩过程土体的运动规律一致，但对桩端黏着土体的挤密程度比同桩径的闭口桩弱，因为闭口桩对桩端黏着土体始终有挤压作用，而开口管桩对桩端黏着土体的挤压是从土塞闭塞之后，因此开口桩对桩端土体的挤密程度比同桩径的闭口桩弱，这也是开口桩沉桩阻力始终比同直径闭口桩小的原因。

第

10

章

现场试验颗粒流数值模拟结果分析

10.1 引言

在建立的层状黏性地基土中贯入生成的 3 种不同桩径的模型桩,得到了压桩力、桩端阻力随贯入深度的变化曲线以及贯入过程中桩侧摩阻力、径向压力的变化曲线。同时,也得到了贯入过程中地基土颗粒之间接触力链的变化和土颗粒间位移变化,更加形象地展现出沉桩过程中的力与颗粒位移的变化,实现了从细观方面分析接触力与地基土的变形。

10.2 压桩力分析

在沉桩时,设定程序跟踪桩顶中间的一个土颗粒,并逐级施加荷载,将模型桩贯入土层中。通过贯入 3 种不同桩径的模型桩,得到了贯入过程中压桩力与贯入深度的变化曲线,如图 10.1 所示。

由图 10.1 可知,3 种桩径变化规律趋于一致,压桩力随着贯入深度的增大而逐渐增加,且随着桩径的增大压桩力也在增大。从曲线的变化规律上也反映出了土层的不同。当桩端位于粉土层时,压桩力增加较快且贯入土层中的位移增加较慢;当贯入粉质黏土层时,桩端位移增加较快,在第 1 层土层(0 ~5 cm)时,随着压桩力的增大,桩端位移较大,当桩端位于第 3 层和第 4 层土层(约为 10 ~20 cm)时以及第 6 层土层时,曲线都显现出了陡降的现象。这是因为有:①、第 3、第 4、第 6 层土均为粉质黏土层,随着压桩力的增大,其值大于其土层的极限承载力,致使桩身在这三层土中沉降较快。②由于模拟软件的局限性,在模拟沉桩过程中,压桩力是以恒定值的形式施加在桩顶。所以当桩端位于软土层时出现了陡降现象。这也与现场试验中当桩端位于粉质黏土层时压桩力有所减小的现象存在一定的差异。

从图 10.1 中还可以看出,随着

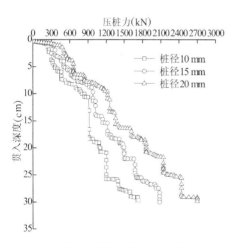

图 10.1 压桩力随贯入深度变化曲线

桩径的增大，桩端位于软土层时，陡降现象越不明显。并且随着桩径的增大曲线的线性逐渐增强。这说明随着桩径的增大，土层变化对压桩力的影响越不明显。从模拟的沉桩过程图片可以看出随着桩径的增大，桩端底部附带越多的上部土层的土，如图10.2所示。所以当桩端位于软土层时，会有越多的上部土层的土填充到软土层，从而使桩端位于软土层时桩端土的压缩量减小，即表现为桩端的沉降位移减小。由图10.2还可以看出，随着桩径的增大，桩端底部附着的上部土颗粒的形状越规则，其外形越像锥形桩尖。说明当桩身为平桩端时，随着桩身的贯入在桩端底部会形成由土体组成的"锥形桩尖"。图10.2也表明了随着桩径的增大土颗粒的运动规律越明显，说明在计算机运行速率和内存允许的情况下，应将模型建立得尽量大些。

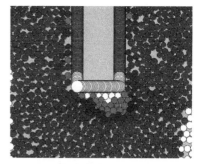

（a）桩径10 mm

（b）桩径15 mm

（c）桩径20 mm

图10.2 不同桩径下附带土颗粒形式

模型试验中模型桩的尺寸是按照现场试验等比例缩尺40倍得到的，其贯入深度可按照比例关系得出相对应的实际深度。直径为10 mm的模型桩根据比例是对应现场400 mm的桩。现以桩径为10 mm的压桩力与现场试桩PJ1的压桩力对比分析，如图10.3所示。

由图10.3可知，数值模拟值与现场试验值基本相吻合，特别是在贯入初期数值模拟值与试验非常相近，当桩端位于粉质黏土软土层时，由于数值模拟过程中的局限性使得模拟值与试验值存在一定的差异；当桩端位于粉土层时，两者的变化规律相一致。从数值上可以看出，数值模拟值与现场试验值有一定的误差。存在误差的原因有：①数值模拟参数取值与现场的参数有所不同；②在模拟过程中没有考虑水对桩侧摩阻力与土的抗剪强度的影响，这

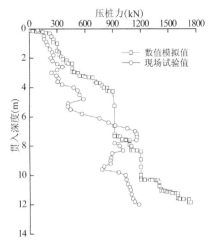

图 10.3 数值模拟与现场实测值对比

与现场试验存在一定的差异；③在生成土样时，为了模型的运算速度将土层的厚度设置为相等厚度，这也与现场实际存在差异。以上原因导致了数值模拟值与现场试验值存在一定差距。

10.3 桩端阻力分析

沉桩过程中，在贯入不同深度处设定程序，读取桩端所有颗粒的竖向力大小，并计算出其合力，竖向合力就是贯入过程中的桩端力。在不同贯入深度处读取桩端竖向合力，就得到了贯入不同位移处的桩端力，如图 10.4 所示。

由图 10.4 可知，不同桩径的模型桩的桩端阻力在贯入初期（贯入深度小于 10 cm）时随深度的增大而逐渐增加。当贯入深度大于 10 cm，桩端刚刚进入粉质黏土层时，桩端阻力都有所减小，但是当桩端继续贯入时，桩径为 15 mm 和桩径为 20 mm 的桩端阻力又逐渐增大。而桩径为 10 mm 的桩端阻力呈不变甚至有减小的趋势。当桩身继续贯入，穿过粉土层再次进入粉质黏土层时，桩端阻力又呈现出上述规律。从以上曲线变化规律可知，桩端阻力随贯入深度变化规律与压桩力随贯入深度的变化规律相似，所以

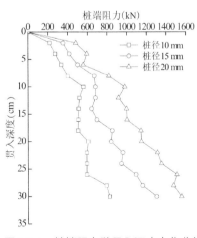

图 10.4 桩端阻力随贯入深度变化曲线

造成桩端阻力有上述变化规律的原因仍为随着桩径的增大，桩端底部附带越多的上部土层的土。当桩端位于软土层时，会有更多的上部土层的土填充到软土层，在一定程度上会改变桩端土层的力学性质，从而使桩端阻力增大。

通过现场试验和模型试验的比例关系，同样可计算得出所对应现场实际深度贯入曲线，从而与现场实测值进行对

比分析，如图 10.5 所示。

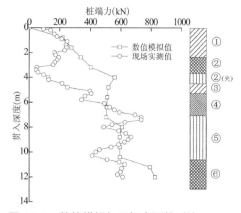

图 10.5 数值模拟与现场实测值对比

①-回填土；②-粉土；②(夹)-粉质黏土
③-粉质黏土；④-粉土；⑤-粉质黏土；⑥-粉土地

由图 10.5 可知，在贯入深度为 2~5 m 时，桩端力的数值模拟值与现场实测值存在较大的差距，这是因为在现场 2~5 m 范围内粉土与粉质黏土交替变化，且每层土的厚度较薄，所以在此范围内现场实测的桩端阻力变化较大，如图 10.5 中现场土层分布。而在数值模拟建模时，虽实现了分层土地基的建立，但是为了模型的运算速度，在设定土层时将每层土的厚度设置为等厚。所以，在建立的地基土模型中 2~5 m 范围内土层较少，致使数值模拟值与现场实测值在此范围内便存在较大的差异。桩身继续贯入，当桩端贯入深度超过 5 m 之后，现场实测值与数值模拟值之间的差异减小。有关研究表明桩端阻力与土层的地质情况相关，现场中土层的地质情况与模拟中所建立的分层土地基相比，其地质情况更为复杂。所以致使现场实测值与模拟值之间存在一定的误差。

在模拟沉桩过程时，为得到贯入过程中桩侧径向压力与桩侧摩阻力贯入深度的变化规律。把模型桩的两侧壁划分为 15 小段，每小段的长度为 2 cm。在沉桩过程中监测组成每小段桩壁的每个颗粒与土颗粒接触的竖向（y 方向）和水平（x 方向）方向的最大不平衡力，然后将每小段中所有颗粒的竖向和水平方向的最大不平衡力分别相加取合力。其 x 方向的合力为本小段内的桩侧径向压力，y 方向的合力为本小段内的桩侧摩阻力。

10.4 径向压力分析

通过桩身贯入不同的深度，监测出贯入土层中每小段桩壁的径向压力，并绘制出桩侧径向压力随贯入深度曲线，如图 10.6 所示。

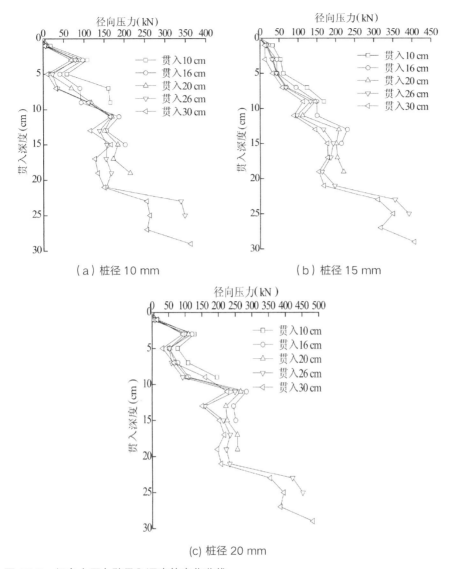

（a）桩径 10 mm （b）桩径 15 mm

(c) 桩径 20 mm

图 10.6　径向土压力随贯入深度的变化曲线

由图 10.6 可以发现：不同桩径下桩侧径向压力随贯入深度的变化规律趋同。在贯入初期（贯入深度小于 5 cm），桩径 15 mm 的径向压力随贯入深度逐渐增加，而桩径 10 mm 和 20 mm 的径向压力出现突增现象，出现此现象的原因是土体为离散单元，在沉桩过程中桩体和土颗粒之间发生位移，可能会使小的土颗粒与桩壁发生挤压，从而导致局部发生突增现象。当桩身位于 5~10 cm 时即位于粉土层时，径向压力随贯入深度的增加而逐渐增大；当桩身继续贯入位于粉质黏土层时，径向压力出现了"波动"型增长，当桩端穿过粉质黏土层进入粉土层时，径向压力出现了急剧增大的现象。由以上分析可知，其变化规律也反映出了土层的变化，并且与现场实测的有效径向压力变化规律相似。

图 10.6 还反映出，在同一贯入深度处，随着桩身的不断贯入，径向压力逐渐减小，表现出了明显的退化现象。这是因为随着桩身的贯入，桩–土界面处不断地

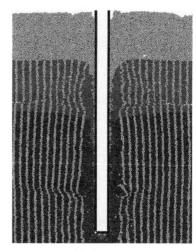

图 10.7　沉桩过程

发生剪切以及土颗粒之间会重新排列，如图 10.7 所示，在桩–土界面处存在明显的剪切带，使挤土效应减弱，致使径向压力减小。由不同桩径的径向压力对比可知，随着桩径的增大，桩侧径向压力也在增大。这是因为随着桩径的增大，挤土效应越明显，桩侧径向压力也越大。从而表现出随着桩径的增大，径向压力也在增大。

10.5　桩侧摩阻力分析

通过桩身贯入不同的深度，监测出贯入土层中每小段桩壁的侧摩阻力，并绘制出桩侧摩阻力随贯入深度的曲线如图 10.8 所示。

根据图 10.8 可以发现：不同桩径的桩侧摩阻力随贯入深度的变化规律一致，且与桩侧径向压力随贯入深度的变化规律相同。从变化规律上可以看出，在一定程度上反映出了土层的变化。当桩身在粉土层贯入时，侧摩阻力随贯入深度的增加而逐渐增大；当桩身在粉质黏土层贯入时，随着贯入深度的增加，其值变化较小甚至出现减小的现象，变化形式呈一定的"波动"型增长。桩径 10 mm 和桩径 20 mm 的桩侧摩阻力在贯入初期出现了突增的现象，这与桩侧径向压力出现突增现象的原因相同，是由于局部某几个土颗粒与桩壁发生挤压，导致局部侧摩阻力增大。

从图 10.8 中还可以看，随着桩径的增大，桩侧摩阻力也在逐渐增大。

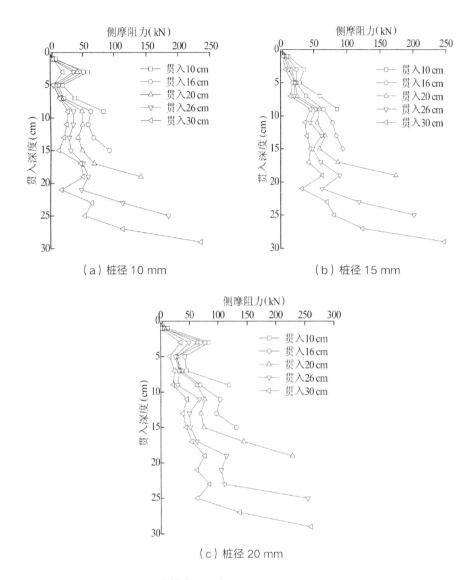

（a）桩径 10 mm

（b）桩径 15 mm

（c）桩径 20 mm

图 10.8　侧摩阻力随贯入深度的变化曲线

这是因为随着桩径的增大，挤土效应越明显，致使侧摩阻力也在增大。在同一贯入深度处，侧摩阻力与桩侧径向压力的变化规律相同，随着贯入深度的增加逐渐减小，出现了明显的弱化现象。这种现象被 Heerma 称为"剪切弱化"，被 Bondilph 称为"h/R"效应。侧摩阻力的变化规律与径向压力的变化规律相一致，这也说明侧摩阻力的退化的实质就是径向压力的退化。

10.6　桩周土体运动规律分析

由图 10.2 可知，桩径为 20 mm 时，土颗粒的运动规律越明显。现以桩径为 20 mm 的模型桩为例，分析贯入过程中桩身经过不同土层时，桩周土体的运动变化，如图 10.9 所示。

由图 10.9 可以看出，当桩身贯入不同土层时，土层的破坏形式不同。图 10.9（a）可以发现，当桩端由粉质黏土层贯入到粉土层时桩 – 土之间剪切带较宽并且由粉质黏土充满，但是随着桩身的贯入桩 – 土之间剪切带的宽度减小。说明当桩端由软土层贯入到硬土层，桩端土体破土时发生冲切破坏，致使土层与桩壁之间产生较宽的剪切带。当桩身在硬土层继续贯入时，由于硬土层中桩的侧向土压力较大，所以随着桩身的贯入桩 – 土之间剪切带的宽度又减小。从图 10.9 中还可以发现，当桩端贯入到粉土层（硬土层）时，桩周土有明显的剪胀现象。由图 10.9（b）可以看出，当桩端由粉土层贯入到粉质黏土层时，桩 – 土之间剪切带较窄且有较少的粉土层土颗粒填充。说明桩端由硬土层贯入到软土层时，桩端土体破土时发生刺入破坏，致使土层与桩壁之间产生较窄的剪切带。加之，软土层有一定的流动性以及在上覆土重作用下，致使在贯入过程中产生较窄的剪切带。由图 10.9（b）还可以看出，当桩端贯入到粉质黏土层（软土层）时，桩周土有明显的压缩现象，这与桩端进入粉土层（硬土层）时，桩周土发生明显的剪胀现象产生鲜明的对比。

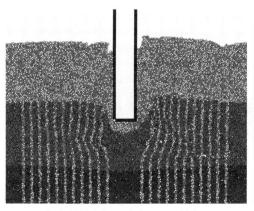

（a）桩端由粉质黏土层贯入粉土层　　　（b）桩端由粉土层贯入到粉质黏土层

图 10.9　桩周土变化

10.7　接触力链分析

接触力链是指颗粒间作用力平均值的度量，在经典岩土力学中取而代之的是作用在岩土体边界上的应力，以及岩土体内部的有效应力。

地基模型生成并赋予接触模型之后，颗粒之间会根据颗粒的位置与位移生成力链，力链图中黑线的粗细代表接触力的大小，黑线的方向代表接触力的方向。在沉桩前和沉桩过程中力链会发生不同的变化。

图 10.10 显示的是在沉桩之前土样的接触力链，此时接触力是在颗粒的自重作用下生成的。由图 10.10 中可以看出接触力从上到下是逐渐增大的，并且力链的传递方向主要以竖向为主，也存在较小的水平和倾斜分力叉，呈现出明显的树网状。从接触力链的形式上说明生成的地基是符合逻辑规律的。

由图 10.11（a）可以看出在贯入初期，桩端处的力链较大，桩侧处的力链较小，表明在贯入初期桩端力增加较快且数值也较大，承担了大部分的压桩力。而桩侧摩阻力在贯入初期较小，这与现场试验和数值模拟在贯入初期桩端力和桩侧摩阻力的变化规律是一致的。从力链的传递方向上可以看出，桩身较近处的接触力较大且方向为水平方向，距桩身较远的区域接触力较小且方向为竖直方向。这是由于沉桩过程产生挤土效应，使桩侧土产生水平位移，桩侧产生水平应力，致使颗粒间表现出水平方向的链。又因为第 1 层土层为素填土，接触刚度较小，挤土效应的影响范围较小，使距桩身较远处的力链变化较小。桩端处的压应力向四周呈放射状传递。这是由于在沉桩过程中，桩端处的土体向四周排挤，桩端上的受力以挤压扩张为主，从而使压应力呈放射状传递。这与理论计算方法中的圆孔扩张理论反映

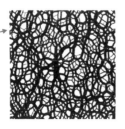

图 10.10　土层生成后的力链图

出的桩端土体的受力状态相一致。

由图 10.11 可以发现，随着桩身贯入深度的增大，上部土层桩 – 土界面处的水平接触力链逐渐减少，表明随着桩的贯入桩 – 土界面处的法向压应力逐渐减小。这与桩侧径向土压力和桩侧摩阻力的退化是相对应的。同时，桩 – 土界面处的水平接触力链随着贯入深度的增加而逐渐减少是桩侧径向土压力和桩侧摩阻力的退化的细观表现。

通过图 10.11（a）、（b）、（c）、（d）还可以发现：不同土层表现出的接触力链的分布形式不同。粉土层的接触力明显地大于粉质黏土层，并且接触力的影响范围也不同。在粉质黏土层，桩 – 土界面近处的压应力的方向呈水平方向。随着距桩身距离的增大，压应力逐渐减小，并且由水平方向逐渐向竖直方向发展，而拉应力仅出现在距桩表面较近的范围内。这表明在粉质黏土层的挤土效应对径向范围内的影响较小。在粉土层压应力呈现出水平方向，并且沿径向方向的减小趋势不明显，且拉应力不只是分布在距桩身较近的区域内。这表明在粉质土层的挤土效应对径向范围内的影响较大。从

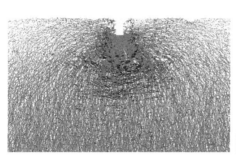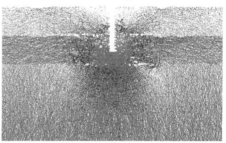

（a）贯入 2 cm　　　　　　　　　　　　（b）贯入 7 cm

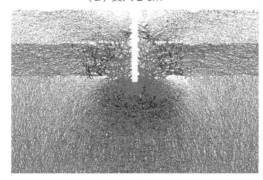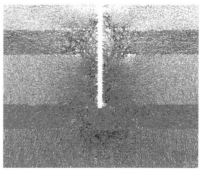

（c）贯入 10 cm　　　　　　　　　　　　（d）贯入 20 cm

图 10.11　贯入不同深度时力链变化图

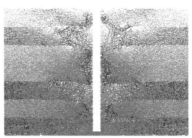

（a）桩径 10 mm　　　　（b）桩径 15 mm　　　　（c）桩径 20 mm

图 10.12　不同桩径下力链变化

以上分析可以得出，在硬质土层挤土效应更为明显，所以在土层较好的场地采用静力压桩时要考虑对周边建筑物的影响。

从图 10.12 中可以发现，随着桩径的增大，土层中的压应力和拉应力都在逐渐变大，挤土效应引起的影响范围也逐渐增大。由图 10.12（a）、（b）、（c）对比发现，在粉土层上半部分桩身附近的压应力接触力链随着桩径的增大，力链的传递方向逐渐变为竖向且力链也逐渐增大。这是因为粉土层的黏聚力较小且接触刚度较大，不易发生水平位移；而粉质黏土层的黏聚力较大、接触刚度较小，在桩身与土体的挤压力下，粉土层与粉质黏土层交界面处的颗粒极易向接触刚度较小的方向运动，致使在粉土层和粉质黏土层的交界面处出现较大的竖向压应力。随着桩径的增大，桩身与土体的挤压力就越大，土颗粒的运动位移就越大，交界面处颗粒间的压应力就越大。

10.8　颗粒位移分析

在沉桩过程中，接触力链分布的变化实质是颗粒运动以及重新分布的表现。通过模拟得到了不同土层颗粒的位移分布情况。其中箭头的方向表示颗粒位移方向，箭头的长短表示位移的大小，现以桩径为 20 mm 沉桩过程为例分析土颗粒的位移变化，如图 10.13 所示。

由图 10.13 显示，土层 2 中颗粒位移的影响范围小于土层 3、土层 4 的影响范围。这是因为土层 2 为粉土层，接触刚度和摩擦系数较大，抗剪强度较大，颗粒间不易产生位移。而土层 3、土层 4 为粉质黏土层，接触刚度和

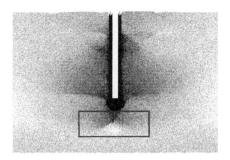

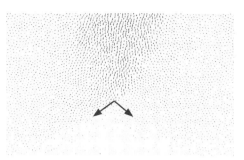

图 10.13　贯入过程中颗粒位移图　　　　图 10.14　桩端处颗粒位移图

摩擦系数较小，抗剪能力较弱，在沉桩过程中桩周土极易发生剪切破坏，颗粒间产生较大的位移，致使影响范围增大。将桩端矩形区域放大如图 10.14 所示，可以发现桩端土的位移呈"倒三角"分布，说明桩端土体在桩端力的作用下向四周挤排。这与有关研究发现的桩端贯入接近于球孔扩张的结论相一致。

通过图 10.15 发现，在沉桩结束后各土层颗粒位移的影响范围是不同的。粉土层颗粒位移的影响范围明显小于粉质黏土层的影响范围，说明硬质土层在沉桩过程中产生的位移小于软土层，这也与软土的灵敏度高、结构性强、受扰动之后土体的强度降低更明显的结论是相对应的。

由图 10.16 可知，不同土层桩周土的位移相差较大。在沉桩过程中，土层 1 中的颗粒由于挤土效应向斜上方移动，其宏观表现为现场沉桩过程中桩周表面的土体有隆起现象。这也是在贯入初期，桩侧摩阻力和桩侧径向压力较小的原因之一。土层 3 中土体位移以水平位移为主，这是因为土层 3 为粉质黏土层，接触刚度与摩擦系数较小且黏聚力较大，在挤土作用下极易发生水平位移。土层 5 为接触刚度与摩擦系数较大的粉土层，相比于粉质黏土，土质较硬。土层 5 中的颗粒由于上覆土层不足以抵抗挤压力的作用，在发生剪切破坏情况下，其上半

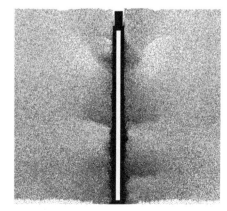

图 10.15　沉桩结束后颗粒位移图

部分土颗粒会向上移动，引起土层 5 上半部分力链呈竖向。土层 6 为粉质黏土层，因为粉质黏土的接触刚度较小，在桩端和桩侧的挤压力之下，使土层 5 下半部分土颗粒在剪切破坏情况下，产生向下的位移，从而表现出颗粒向斜下方移动。

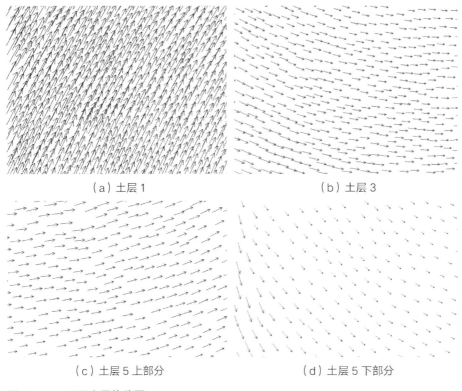

（a）土层 1　　　　　　　　　　　（b）土层 3

（c）土层 5 上部分　　　　　　　　（d）土层 5 下部分

图 10.16　不同土层位移图

参考文献

[1] 张明义,时伟,章伟,等.地基基础工程 [M].北京:科学出版社,2017.

[2] 刘俊龙.砾卵石层中预制桩的承载性状研究 [J].岩土力学,2008,29(5):1280-1284.

[3] 钟建敏.预制桩沉桩挤土引起的桩基质量问题与处理 [J].建筑结构,2017,47(增刊2):458-463.

[4] 李龙,魏宜龄.预制桩产业技术进步回顾与发展趋势概述 [J].混凝土世界,2016(10):26-32.

[5] 何世茂.预制桩与灌注桩施工工艺比较分析 [J].中国新技术新产品,2010(14):181-181.

[6] 刘志明,陈展喜.静压沉桩的设计与施工 [J].中外建筑,2002(5):65-66.

[7] 蒋跃楠.软土地区静压桩承载性状的分析研究 [D].南京:南京工业大学,2006.

[8] 刘俊伟.静压桩沉桩过程及承载力性状研究 [D].青岛:青岛理工大学,2008.

[9] 徐津祥.静压桩的桩身应力光纤测试方法及贯入阻力研究 [D].青岛:青岛理工大学,2011.

[10] White D J, Bolton M D. Observing friction fatigue on a jacked pile[J]. Centrifuge and constitutive modelling: two extremes, 2002: 347-354.

[11] Fattah M Y, Al-Soudani W H S. Bearing capacity of open-ended pipe piles with restricted soil plug[J]. Ships and Offshore Structures, 2016, 11(5): 501-516.

[12] Murthy D S, Robinson R G, Rajagopal K. Formation of soil plug in open-ended pipe piles in sandy soils[J]. International Journal of Geotechnical Engineering, 2018: 1-11.

[13] 温诗铸,黄平.摩擦学原理 [M].4版.北京:清华大学出版社,2012.

[14] Vesic A S. Expansion of cavities in infinite soil mass[J]. Journal of Soil Mechanics & Foundations Div, 1972, 98(sm3).

[15] Randolph M F, Carter J P, Wroth C P. Driven piles in clay—the effects of installation and subsequent consolidation[J]. Geotechnique, 1979, 29(4): 361-393.

[16] Baligh M M. Strain path method[J]. Journal of Geotechnical Engineering, 1985, 111(9): 1108-1136.

[17] Chopra M B, Dargush G F. Finite-element analysis of time-dependent large-deformation problems[J]. International Journal for Numerical and Analytical Methods in Geomechanics, 1992, 16(2): 101-130.

[18] 龚晓南,王启铜.拉压模量不同材料的圆孔扩张问题 [J].应用力学学报,1994,11(4):127-132.

[19] Collins I F, Yu H S. Undrained cavity expansions in critical state soils[J]. International journal for numerical and analytical methods in geomechanics, 1996, 20(7): 489-516.

[20] Sagaseta C, Whittle A J, Santagata M. Deformation analysis of shallow penetration in clay[J]. International journal for numerical and analytical methods in geomechanics, 1997, 21(10): 687-719.

[21] 樊良本,朱国元.桩周土应力状态的圆柱孔扩张理论试验研究 [J].浙江大学学报(自然科学版),1998,32(2):228-235.

[22] 徐永福,傅德明.结构性软土中打桩引起的超孔隙水压力 [J].岩土力学,2000,21(1):53-55.

[23] 李月健.土体内球形空穴扩张及挤土桩沉桩机理研究 [D].杭州:浙江大学,2001.

[24] 唐世栋,何连生,傅纵.软土地基中单桩施工引起的超孔隙水压力 [J].岩土力学,2002,23(6):725-732.

[25] 张明义,邓安福.静压桩贯入地基的球孔扩张-滑动摩擦计算模式 [J].岩土力学,2003,24(5):701-709.

[26] 张明义,邓安福,干腾君.静力压桩数值模拟的位移贯入法 [J].岩土力学,2003,24(1):113-117.

[27] Sagaseta C, Houlsby G T, Burd H J. Quasi-static undrained expansion of a cylindrical cavity in clay in the presence of shaft friction and anisotropic initial stresses[M]. Computational Fluid and Solid Mechanics. 2003: 619-622.

[28] 鄢洲,杨建永,高渐美.饱和软土地基中沉桩引起的超孔隙水压力的影响 [J].水利与建筑工程学报,2004,

2(3): 41-44.

[29] 卢文晓, 王芝银, 计宏. 沉桩挤土的数值模拟与土体物理参数的变化分析 [J]. 西安科技大学学报, 2005, 25(1): 17-20.

[30] 陈晶, 高峰, 沈晓明. 基于 ABAQUS 的桩侧摩阻力仿真分析 [J]. 长春工业大学学报: 自然科学版, 2006, 27(1):27-29.

[31] 韩文君, 刘松玉, 章定文, 等. 压力控制的圆孔扩张数值模拟分析 [J]. 岩土力学. 2010, 31（增刊 1）: 405-411.

[32] 陆培毅, 杨志锋, 付海峰, 等. 饱和软土中沉桩引起的超孔隙水压力分析 [J]. 工业建筑, 2012 42（增刊 1）: 416-419.

[33] 周航, 孔纲强, 刘汉龙. 基于圆孔扩张理论的静压楔形桩沉桩挤土效应研究 [J]. 中国公路学报, 2014, 27(4): 24-30.

[34] 陈怡, 党发宁, 赵静. 基于超静孔压消散的预制静压桩侧极限摩阻力计算 [J]. 西安理工大学学报, 2017, 33(1): 24-28.

[35] Seed H B, Reese L C. The action of soft clay along friction piles[J]. Transactions of the American Society of Civil Engineers, 1957, 122(1): 731-754.

[36] Cooke R W, Price G, Tarr K. Jacked piles in London Clay: a study of load transfer and settlement under working conditions[J]. Geotechnique, 1979, 29(2): 113-147.

[37] Roy M, Blanchet R, Tavenas F, et al. Behaviour of a sensitive clay during pile driving[J]. Canadian Geotechnical Journal, 1981, 18(1): 67-85.

[38] Skov R, Denver H. Time-dependence of bearing capacity of piles[C]. Proc. Third International Conference on the Application of Stress-Wave Theory to Piles. Ottawa. 1988: 25-27.

[39] 张明义, 邓安福. 预制桩静力贯入层状地基的试验研究 [J]. 岩土工程学报, 2000, 22（4）: 490-492.

[40] 施峰. PHC 管桩荷载传递的试验研究 [J]. 岩土工程学报, 2004, 26(1): 95-99.

[41] 周火垚, 施建勇. 饱和软黏土中足尺静压桩挤土效应试验研究 [J]. 岩土力学, 2009, 30(11): 3291-3296.

[42] 张忠苗, 谢志专, 刘俊伟, 等. 粉土与淤质互层土中管桩压入过程孔隙水压力试验研究 [J]. 岩土工程学报, 2010, 32（增刊 2）: 533-536.

[43] 张忠苗, 谢志专, 刘俊伟, 等. 淤质与粉质互层土中管桩沉桩过程的土压力 [J]. 浙江大学学报: 工学版, 2011, 45(8): 1430-1434.

[44] 寇海磊, 张明义, 刘俊伟. 基于光纤传感技术静压桩承载力时效性机理分析 [J]. 岩土力学, 2013, 34(4): 1082-1088.

[45] 寇海磊, 张明义. 基于桩身应力测试的静压 PHC 管桩贯入机制 [J]. 岩土力学, 2014, 35(5): 1295-1302.

[46] 胡永强, 汤连生, 李兆源. 静压桩桩 - 土界面滑动摩擦机制研究 [J]. 岩土力学, 2015, 36(5): 1288-1294.

[47] 胡永强, 汤连生, 黎志中. 端承型静压桩沉桩贯入过程中桩侧阻力变化规律及其时效性试验研究 [J]. 中山大学学报（自然科学版）, 2015, 54(1): 130-135.

[48] 董春晖, 郭聚坤. 基于隔时复压试验的静压桩承载力时效性研究 [J]. 山东建筑大学学报, 2017, 32(4): 390-395.

[49] Banerjee P K, Fathllah R C. Developments in Soil Mechanics and Foundation Engineering[A]. Applied Science Pub.L. T. D. 1983.

[50] Azzouz A S, Morrison M J. Field measurements on model pile in two clay deposits[J]. Journal of geotechnical engineering, 1988, 114(1): 104-121.

[51] Nicola A D E, Randolph M F. Centrifuge modelling of pipe piles in sand under axial loads[J].

Geotechnique, 1999, 49(3): 295-318.

[52] 陈文，周林根. 饱和黏土中静压桩挤土效应的离心模型试验研究 [J]. 河海大学学报（自然科学版），1999, 27(6): 103-109.

[53] Lehane B M, Gavin K G. Base resistance of jacked pipe piles in sand[J]. Journal of Geotechnical and Geoenvironmental Engineering, 2001, 127(6): 473-480.

[54] Yasufuku N, Ochiai H, Ohno S. Pile end-bearing capacity of sand related to soil compressibility[J]. Soils and foundations, 2001, 41(4): 59-71.

[55] Paik K, Salgado R. Determination of bearing capacity of open-ended piles in sand[J]. Journal of Geotechnical and Geoenvironmental Engineering, 2003, 129(1): 46-57.

[56] 周淑芬，匡虹桥. 黏土中超长群桩竖向承载力模型试验研究 [J]. 岩土工程学报，2009, 31(9): 1472-1475.

[57] 李雨浓，李镜培，赵仲芳，等. 层状地基静压桩贯入过程机理试验 [J]. 吉林大学学报（地球科学版），2010, 40（6）: 1409-1414.

[58] 刘清秉，项伟，崔德山，等. 颗粒形状对砂土抗剪强度及桩端阻力影响机制试验研究 [J]. 岩石力学与工程学报，2011, 30(2): 400-409.

[59] 李钰，蔡超君. 静压沉桩及锤击沉桩对饱和砂土中超孔隙水压力的影响[J]. 科学技术与工程，2015, 35(35): 228-232.

[60] 刘祥沛，董天文，郑颖人. 桩基础承载力室内试验与数值计算研究 [J]. 地下空间与工程学报，2016, 12(3): 719-728.

[61] 钱峰，刘干斌，齐昌广，等. 饱和黏土中静压沉桩模型试验及数值模拟研究 [J]. 水文地质工程地质，2016, 43(5): 56-61.

[62] 李林，李镜培，孙德安，等. 考虑天然黏土应力各向异性的静压沉桩效应研究 [J]. 岩石力学与工程学报，2016, 35(5): 1055-1064.

[63] 李镜培，张凌翔，李林. 饱和黏土中静压桩桩周土体强度时效性分析 [J]. 哈尔滨工业大学学报，2016, 48(12): 89-94.

[64] 李镜培，李林，孙德安，等. 基于 CPTU 测试的 K_0 固结黏土中静压桩时变承载力研究 [J]. 岩土工程学报，2017, 39(2): 193-200.

[65] 蒋跃楠，黄广龙. 砂土中静压桩的桩端作用效应分析 [J]. 建筑科学，2016, 32(11): 74-82.

[66] 蒋跃楠，黄广龙. 分层土中的沉桩试验及分析 [J]. 工程勘察，2017, 45(4): 1-6.

[67] 李雨浓，刘清秉. 黏土中静压沉桩离心模型 [J]. 工程科学学报，2018, 40(3): 285-292.

[68] (美)B. 布尚 (Bharat Bhushan). 摩擦学导论 [M]. 葛世荣. 译. 北京：机械工业出版社，2006.

[69] Rabinowicz, E. (1995), Friction and Wear of Materials, Second edition, Wiley, New York.

[70] Bhushan B, Davis R E, Kolar H R. Metallurgical re-examination of wear modes II: Adhesive and abrasive[J]. Thin Solid Films, 1985, 123(2): 113-126.

[71] 周健，李魁星，郭建军，等. 分层介质中桩端刺入的室内模型试验及颗粒流数值模拟 [J]. 岩石力学与工程学报，2012, 31(2): 375-381.

[72] 土工试验方法标准：GB/T 50123—2019[S]. 北京：中国计划出版社，2019.

[73] 赵凡，胡贺松，杨光树，等. 桩 - 土模型试验中模型箱制作及土样制备 [J]. 低温建筑技术，2017, 39(7): 66-70.

[74] Ovesen N K. The scaling law relationship-Panel Discussion[C]. Proc. 7th European Conference on Soil Mechanics and Foundation Engineering. 1979, 4: 319-323.

[75] 徐光明，章为民. 离心模型中的粒径效应和边界效应研究 [J]. 岩土工程学报，1996, 18(3): 80-86.

[76] 建筑桩基技术规范:JGJ 94—2008[S]. 北京：中国建筑工业出版社，2008.

[77] 建筑基桩检测技术规范:JGJ 106—2014[S]. 北京：中国建筑工业出版社，2014.

[78] 张述涛，李镜培，李雨浓. 成层地基中静压桩挤土效应模型试验研究 [J]. 地下空间与工程学报，2009, 5（增刊 2）: 1557-1561.

[79] 徐建平，周健，许朝阳，等. 沉桩挤土效应的模型试验研究 [J]. 岩土力学，2000, 21(3): 235-238.

[80] 李富荣，张艳梅，王照宇. 软土中静压桩挤土效应的模型试验研究 [J]. 建筑科学，2013, 29(1): 52-54.

[81] 朱鸿鹄，殷建华，张林，等. 大坝模型试验的光纤传感变形监测 [J]. 岩石力学与工程学报，2008, 27(6): 1188-1194.

[82] 张明义. 层状地基上静力压入桩的沉桩过程及承载力的试验研究 [D]. 重庆：重庆大学，2001.

[83] 储王应，王能民. 静力压桩沉桩阻力分析与估算 [J]. 岩土工程技术，2000, 1(1): 25-28.

[84] 李雨浓，李镜培，赵仲芳. 基于静力触探试验的静压桩沉桩阻力估算 [J]. 路基工程，2010(3): 67-69.

[85] 董光辉，张明义. 静压桩沉桩过程中的侧阻退化及成桩后侧阻时效研究 [J]. 低温建筑技术，2009, 31(3): 76-79.

[86] Heerema E P. Heather as an illustration of friction fatigue[J] .Ground Engng, 1980, 13(4):15-37.

[87] 王旭东，王伟，辛金珉. 打桩引起的超孔隙水压力及其消散的解析解 [J]. 南京工业大学学报，2002, (4): 16-19.

[88] 王伟. 打桩引起的超静孔隙水压力预测及其应用 [D]. 南京：南京工业大学，2002.

[89] 姚笑青，胡中雄. 饱和软黏土中沉桩引起的孔隙水压力估算 [J]. 岩土力学，1997, 18(6): 31-35.

[90] Juan M Pestana, Christopher E Hunt, Jonathan D Bray. Soil Deformation and excess pore pressure field around a closed-ended pile[J]. Geotechnical and Geoenvironmental Engineering, America Society of CivilEngineering, 2002, 128(1): 1-12.

[91] 吴旭东. 静压管桩施工过程监测与减小超孔隙水压力的工程实例 [J]. 常州工学院学报，2008, 21（增刊）: 171-173.

[92] 苗德滋，张明义，白晓宇. 大直径泥浆护壁嵌岩灌注桩承载特性现场试验 [J]. 工程建设，2018, 50(4): 6-10.

[93] HE H, DAI G, GONG W. Prediction of Bearing Capacity for Rock-Socketed Under-Reamed Uplift Piles Based on Hoek-Brown Failure Criterion[C]. Geo-Hubei 2014 International conference on Sustainable Civil Infrastructure, 2014: 54-61.

[94] 白晓宇，张明义，寇海磊，等. 基于 BP 神经网络的静压桩承载力时间效应预测 [J]. 工程勘察，2014, (4): 7-11.

[95] 张忠苗，刘俊伟，俞峰，等. 静压管桩终压力与极限承载力的相关关系研究 [J]. 岩土工程学报，2010, 32(8): 1207-1213.

[96] Kou H, Chu J, Guo W, et al. Field study of residual forces developed in pre-stressed high-strength concrete (PHC) pipe piles[J]. Canadian Geotechnical Journal, 2015, 53(04): 696-707.

[97] JI T, FANG H, DAI P, et al. Experiment and analysis of PHC tubular piles for high-pile wharf [J]. Port & Waterway Engineering, 2010, 6: 014.

[98] 朱合华，谢永健，王怀忠. 上海软土地基超长打入 PHC 桩工程性状研究 [J]. 岩土工程学报，2004, 26(6): 745-749.

[99] 刘俊伟. 静压开口混凝土管桩施工效应试验及理论研究 [D]. 杭州：浙江大学，2012

[100] 张明义. 层状地基上静力压入桩的沉桩过程及承载力的试验研究 [D]. 重庆：重庆大学，2001.

[101] 陈福全，简洪钰，许万强，等. 小截面静压预制桩的现场试验及其应用研究 [J]. 岩土力学，2002, 23(2): 213-216.

[102] 苏振明. 预应力管桩荷载传递特性 [J]. 建筑科学, 2005, 21(1): 88-89.

[103] Gavin K G, O'Kelly B C. Effect of friction fatigue on pile capacity in dense sand[J]. Journal of Geotechnical and Geoenvironmental Engineering, 2007, 133(1): 63-71.

[104] 施峰. PHC 管桩荷载传递的试验研究 [J]. 岩土工程学报, 2004, 26(1): 95-99.

[105] 张永雨. 静力触探预估静压桩承载力的试验研究 [D]. 郑州: 郑州大学, 2006.

[106] 余小奎. 分布式光纤传感技术在桩基测试中的应用 [J]. 电力勘测设计, 2006, (6): 12-16.

[107] 律文田, 王永和, 冷伍明. PHC 管桩荷载传递的试验研究和数值分析 [J]. 岩土力学, 2006. 27(03): 466-470.

[108] 蔡健, 周万清, 林奕禧, 等. 深厚软土超长预应力高强混凝土管桩轴向受力性状的试验研究 [J]. 土木工程学报, 2006, 39(10): 102-106.

[109] 邢皓枫, 赵红崴, 叶观宝, 等. PHC 管桩工程特性分析 [J]. 岩土工程学报, 2009, 31(1): 36-39.

[110] 俞峰, 谭国焕, 杨峻, 等. 静压桩残余应力的长期观测性状 [J]. 岩土力学, 2011, 32(8): 2318-2324.

[111] 俞峰, 谭国焕, 杨峻, 等. 粗粒土中预制桩的静压施工残余应力 [J]. 岩土工程学报, 2011, 33(10): 1526-1536.

[112] 郭志广, 魏丽敏, 何群, 等. 深厚软土地基预制管桩荷载传递试验与数值分析. 中南大学学报: 自然科学版, 2014, 45(10), 3589-3595.

[113] 牛富丽, 辛翀, 张明义, 等. 烟台地区静压桩沉桩阻力的实测分析 [J]. 青岛理工大学学报, 2015, 36(3): 17-21.

[114] 侯兆霞. 桩周端土体的应力观测及分析 [J]. 石家庄铁道学院学报, 1993, 6(4): 50-55.

[115] Yasufuku N, Hyde A F L. Pile end-bearing capacity in crushable sands[J]. Geotechnique, 1995, 45(4): 663-676.

[116] 胡幼常. 大型群桩基础地基破坏性状研究 [J]. 武汉水利电力大学学报, 1995, 28(6): 690-693.

[117] Lehane, B. M. Gavin, K. G. Base Resistance of Jacked Pipe Piles In Sand[J]. J. Geotech. Geoenviron. Eng., 2001, 127(6): 473-480.

[118] White D J, Bolton M D. Soil deformation around a displacement pile in sand[A]. Physical modeling in geotechics: CPMG 02[C], Guo & Popescu, Swets & Zeitiinger Lisse, The Netherlands, 2002: 649-654.

[119] 朱小军, 杨敏, 杨桦, 等. 长短桩组合桩基础模型试验及承载性能分析 [J]. 岩土工程学报, 2007, 29(4): 580-586.

[120] 周健, 邓益兵, 叶建忠, 等. 砂土中静压桩沉桩过程试验研究与颗粒流模拟 [J]. 岩土工程学报, 2009, 31(4): 501-507.

[121] 周健, 李魁星, 郭建军, 等. 分层介质中桩端刺入的室内模型试验及颗粒流数值模拟 [J]. 岩石力学与工程学报, 2012, 31(2): 375-381.

[122] 曹兆虎, 孔纲强, 刘汉龙, 等. 基于透明土的管桩贯入特性模型试验研究 [J]. 岩土工程学报, 2014, 36(8): 1564-1568.

[123] 黄生根, 冯英涛, 徐学连, 等. 考虑土塞效应时开口管桩的挤土效应分析 [J]. 沈阳工业大学学报, 2015, 37(5): 582-587.

[124] 蒋跃楠, 黄广龙. 分层土中的沉桩试验及分析 [J]. 工程勘察, 2017, 45(04): 1-6.

[125] 王永洪, 张明义, 张春巍, 等. 静压桩贯入试验增敏型 FBG 传感器的研制及应用 [J]. 压电与声光, 2018, 40(1): 56-59.

[126] Poulos H G, Pile foundation analysis and design[M]. New York: John Wiley & sons, 1980: 6-9.

[127] 叶观宝, 汤竞, 徐超, 等. 利用孔压静力触探试验估算沉桩过程中产生的超孔隙水压力 [J]. 工程力学, 2005,

22（增刊 1）: 194-198.

[128] 王育兴, 孙钧. 打桩施工对周围土性及孔隙水压力的影响 [J]. 岩石力学与工程学报, 2004, 23(1): 153-158.

[129] 王伟, 卢廷浩, 宰金珉, 等. 基于超静孔压消散的静压桩极限承载力研究 [J]. 岩土力学, 2005, 26(11): 1846-1848.

[130] 赵明华, 占鑫杰, 邹新军, 等. 饱和软黏土中沉桩后桩周土体固结分析 [J]. 工程力学, 2012, 29(10): 91-97.

[131] 高子坤, 施建勇. 饱和黏土中沉桩挤土形成超静孔压分布理论解答研究 [J]. 岩土工程学报, 2013, 35(6): 1109-1114.

[132] 李镜培, 方睿, 李林. 考虑土体三维强度特性的静压桩周超孔压解析及演变 [J]. 岩石力学与工程学报, 2016, 35(4): 847-855.

[133] 刘时鹏, 施建勇, 张金水, 等. 基于桩周土体固结的静压桩承载力时效性研究 [J]. 中南大学学报: 自然科学版, 2016, 47(10): 3454-3460.

[134] Hunt C E, Pestana J M, Bray J D, et al. Effect of pile installation on static and dynamic properties of soft clays[M]. Innovations and Applications in Geotechnical Site Characterization. 2000: 199-212.

[135] Hwang J H, Liang N, Chen C S. Ground response during pile driving[J]. Journal of Geotechnical and Geoenvironmental Engineering, 2001, 127(11): 939-949.

[136] 唐世栋, 何连生, 叶真华. 软土地基中桩基施工引起的侧向土压力增量 [J]. 岩土工程学报, 2002, 24(6): 752-755.

[137] 唐世栋, 王永兴, 叶真华. 饱和软土地基中群桩施工引起的超孔隙水压力 [J]. 同济大学学报: 自然科学版, 2003, 31(11): 1290-1294.

[138] 朱向荣, 何耀辉, 徐崇峰, 等. 饱和软土单桩沉桩超孔隙水压力分析 [J]. 岩石力学与工程学报, 2005, 24(增刊 2): 5740-5744.

[139] 徐祖阳. PHC 管桩沉桩引起的超孔隙水压力研究 [D]. 南京: 河海大学, 2006.

[140] 潘赛军, 凌道盛, 陈云敏. 管桩沉桩过程中饱和软黏土地基孔压变化实测分析 [J]. 工程勘察, 2009, 37(5): 21-25.

[141] 周火垚, 施建勇. 饱和软黏土中足尺静压桩挤土效应试验研究 [J]. 岩土力学, 2009, 30(11): 3291-3296.

[142] 张忠苗, 谢志专, 刘俊伟, 等. 淤质与粉质互层土中管桩沉桩过程的土压力 [J]. 浙江大学学报: 工学版, 2011, 45(8): 1430-1434.

[143] 鹿群, 张建新, 刘寒鹏. 考虑施工方向影响的静压桩挤土效应观测与分析 [J]. 土木工程学报, 2011, 44（增刊 2）: 102-105.

[144] 雷华阳, 李肖, 陆培毅, 等. 管桩挤土效应的现场试验和数值模拟 [J]. 岩土力学, 2012, 33(4): 1006-1012.

[145] 郑华茂. 砂土中静压管桩模型试验及受力性能研究 [D]. 郑州: 郑州大学, 2015.

[146] 白晓宇, 王永洪, 张明义, 等. 基于光电测试技术桩土界面受力特性模型试验 [J]. 广西大学学报（自然科学版）, 2018, 43(3): 1177-1182.

[147] Cundall P A. A computer model for simulating progressive, large-scale movement in blocky rock system[C]. Proceedings of the International Symposium on Rock Mechanics, 1971, 2: 129-136.

[148] 周健, 池永, 池毓蔚, 等. 颗粒流方法及 PFC2D 程序 [J]. 岩土力学, 2000, 21(3): 271-274.

[149] 刘文白, 周健. 上拔荷载作用下桩的颗粒流数值模拟 [J]. 岩土工程学报, 2004, 26(4): 516-521.

[150] 叶建忠, 周健, 韩冰. 基于离散元理论的静压沉桩过程颗粒流数值模拟 [J]. 岩石力学与工程学报, 2007, 26

（增刊 1）：3058-3064

[151] 马哲, 吴承霞, 肖昭然. 静压桩在砂土沉桩过程中桩周土应力 - 位移场变化规律的颗粒流数值模拟 [J]. 建筑结构, 2009, 39(9): 117-120.

[152] 周健, 邓益兵, 叶建忠, 等. 砂土中静压桩沉桩过程试验研究与颗粒流模拟 [J]. 岩土工程学报, 2009, 31(4): 501-507.

[153] 马哲, 吴承霞, 肖昭然. 静压桩端阻力和侧阻力的颗粒流数值模拟 [J]. 中国矿业大学学报, 2010, 39(4): 622-626.

[154] 周健, 陈小亮, 周凯敏, 等. 静压开口管桩沉桩过程模型试验及数值模拟 [J]. 岩石力学与工程学报, 2010, 29（增刊 2）: 3839-3846.

[155] 蒋明镜, 肖俞, 陈双林, 等. 砂土中单桩竖向抗压承载机制的离散元分析 [J]. 岩土力学, 2010, 31（增刊 2）: 366-372.

[156] [66] 邓益兵, 周健, 刘文白, 等. 螺旋挤土桩下旋成孔过程的颗粒流数值模拟 [J]. 岩土工程学报, 2011, 33(9): 1391-1398.

[157] 周健, 李魁星, 郭建军, 等. 分层介质中桩端刺入的室内模型试验及颗粒流数值模拟 [J]. 岩石力学与工程学报, 2012, 31(2): 375-381.

[158] 周健, 高冰, 郭建军, 等. 不同刺入深度下桩端受力模型试验及数值模拟 [J]. 同济大学学报（自然科学版）, 2012, 40(3): 379-384.

[159] 乔卫国, 杨麟, 李大勇, 等. 高频振动沉桩的离散元模拟分析 [J]. 西安科技大学学报, 2012, 32(5): 604-609.

[160] 詹永祥, 姚海林, 董启朋, 等. 砂土中开口管桩沉桩过程的颗粒流模拟研究 [J]. 岩土力学, 2013, 34(1): 283-289.

[161] 李阳. 成层土中桩土相互作用的颗粒流模拟 [A]. 中国地质学会工程地质专业委员会. 2015 年全国工程地质学术年会论文集 [C]. 中国地质学会工程地质专业委员会: 2015: 6.

[162] 张明义. 静力压入桩的研究与应用 [M]. 北京: 中国建材工业出版社, 2004.

[163] MOREY W W. Development of fiber bragg gratings sensors for utility applications[R]. USA: University of Southern California, 1995.

[164] NELLEN P M, ADREAS F, ROLF B, et a1.Fiber optical bragg grating sensors embedded in CFRP wires[J]. The International Society for Optical Engineering, 1999, 3670: 440-449.

[165] CHAN T H, YU L, TAM H Y, et al. Fiber bragg grating sensors for structural health monitoring of Tsing ma bridge: Background and experimental observation[J]. Engineering Structures, 2006, 28(5): 648-659.

[166] 牟洋洋, 张明义, 白晓宇, 等. 硅压阻式压力传感器在桩土接触面受力测试的探究 [J]. 工程勘察, 2017, 45(10): 6-12.

[167] 王永洪, 张明义, 张春巍, 等. 低温敏 FBG 应变传感器在静压 PHC 管桩贯入实验中的应用 [J]. 激光与光电子学进展, 2018, 55(4): 040602.

[168] BOND A J, JARDINE R J. Shaft capacity of displacement piles in high OCR clay[J]. Geotechnique, 1995, 45(1): 3-23.

[169] 李雨浓, 李镜培, 赵仲芳, 等. 层状地基静压桩贯入过程机理试验 [J]. 吉林大学学报（地球科学版）, 2010, 40(6): 1409-1414.

[170] 马海龙. 开口桩与闭口桩承载力时效的试验研究 [J]. 岩石力学与工程学报, 2008, 27(S2): 3349-3353.

[171] 王永洪. 黏性土中静力压入单桩受力特性试验研究 [D]. 青岛: 青岛理工大学, 2018.

[172] 叶建忠, 周健. 关于桩端阻力问题的分析与研究现状 [J]. 建筑科学, 2006, 22(2): 64-68.

[173] 胡永强, 汤连生, 黎志中. 端承型静压桩沉桩贯入过程中桩侧阻力变化规律及其时效性试验研究 [J]. 中山大学学报（自然科学版）, 2015, 54(1): 130-135.

[174] 刘俊伟, 张明义, 赵洪福, 等. 基于球孔扩张理论和侧阻力退化效应的压桩力计算模拟 [J]. 岩土力学, 2009, 30(4): 1181-1185.

[175] 刘润, 闫澍旺. 大直径超长桩打桩过程中桩周土体的疲劳与强度恢复 [J]. 岩土力学, 2009, 30(2): 452-456.

[176] Itasca Consulting Group, Inc. Particle flow code in 2 dimension[M]. Minneapolis: Itasca Consulting Group, Inc., 2008.

[177] Duan, N., Cheng, Y.. A modified method of generating specimens for a 2D DEM centrifuge model [C]. Geo-Chicago, American Society of Civil Engineers, 2016, pp: 610-620.

[178] 周健, 王家全, 曾远, 等. 土坡稳定分析的颗粒流模拟 [J]. 岩土力学, 2009, 30(1): 86-90.

[179] 周博, 汪华斌, 赵文锋, 等. 黏性材料细观与宏观力学参数相关性研究 [J]. 岩土力学, 2012, 33(10): 3171-3178.

[180] 陈建峰, 李辉利, 周健. 黏性土宏细观参数相关性研究 [J]. 力学季刊, 2010, 31(2): 304-309.

[181] 罗勇. 土工问题的颗粒流数值模拟及应用研究 [D]. 杭州: 浙江大学, 2007.

[182] 宁孝梁. 黏性土的细观三轴模拟与微观结构研究 [D]. 杭州: 浙江大学, 2017.

[183] 李德. 基于宏观实验数据的岩土材料细观参数反演 [D]. 大连: 大连理工大学, 2015.

[184] 雷华阳, 王铁英, 张志鹏, 等. 高黏性新近吹填淤泥真空预压试验颗粒流宏微观分析 [J]. 吉林大学学报（地球科学版）, 2017, 47(6): 1784-1794.

[185] Heerema E. P., De Jong A. An advanced wave equation computer program which simulates d ynamic pile plugging through a coupled mass-spring system[M]. Numerical methods in offshore piling. Thomas Telford Publishing, 1980: 37-42.

[186] Bond A J, Jardine R J. Effects of installing displacement piles in a high OCR clay[J]. Géotechnique, 1991, 41(3): 341-363.

[187] 孙其诚, 厚美瑛, 金峰. 颗粒物质物理与力学 [M]. 北京: 科学出版社, 2011.

[188] 李伟. 黏性土基本力学特性微结构机理研究 [D]. 上海: 同济大学, 2008.

[189] 高彦斌, 王江锋, 叶观宝, 等. 黏性土各向异性特性的 PFC 数值模拟 [J]. 工程地质学报, 2009, 17(5): 638-642.

[190] 陈蕾, 洪宝宁. 黏性土无侧限抗压试验颗粒流软件 (PFC) 模拟的微观分析 [J]. 科学技术与工程, 2014, 14(16): 62-66.

[191] Duan N, Cheng Y P. A Modified Method of Generating Specimens for a 2D DEM Centrifuge Model[M]// Geo-Chicago, American Society of Civil Engineers, 2016: 610-620.

[192] 彭国园, 周海清, 周淑玲. 红黏土细观力学特性的颗粒流模拟 [J]. 重庆理工大学学报（自然科学版）, 2017, 31(1): 41-45.

[193] 石崇. 颗粒流数值模拟技巧与实践 [M]. 北京: 中国建筑工业出版社, 2015.

[194] 桑松魁. 黏性土中静压桩沉贯特性现场试验与颗粒流数值模拟 [D]. 青岛: 青岛理工大学, 2016.

[195] 王永洪, 桑松魁, 张明义, 等. 黏性土中静压桩沉桩过程现场试验及桩土界面桩侧土压力分析 [J]. 吉林大学

学报（地球科学版）,2021,51(5):1535-1543.

[196] 王永洪,桑松魁,刘雪颖,等.层状黏性土中静压桩贯入特性颗粒流的数值模拟 [J].西南交通大学学报,
2021,56(6):1250-1259.

[197] 刘雪颖,王永洪,张明义,等.黏性土地基中静压桩桩土界面径向应力室内试验研究 [J].武汉理工大学学报,
2019,41(9):84-89.

[198] 吴明雷,付艳青,刘聪.基于透明土的静压桩贯入特性的模型试验研究 [J].建筑科学,2022,38(3):49-55.

[199] 王永洪,张明义,李长河,等.管桩静压侧摩阻力及桩土界面滑动摩擦机制研究 [J].应用基础与工程科学学
报,2021,29(6):1535-1549.

[200] 王永洪,马加骁,张明义,等.粉土与粉质黏土互层中静压桩桩土界面径向土压力研究 [J].中南大学学报（自
然科学版）,2021,52(10):3717-3727.

[201] 王永洪,桑松魁,张明义,等.静压桩贯入及加载过程桩土界面受力特性研究 [J].振动.测试与诊断,
2021,41(4):806-811,837.

[202] Su Dong, Wu Zexiong, Lei Guoping, et al. Numerical study on the installation effect of a jacked pile
in sands on the pile vertical bearing capacities[J]. Computers and Geotechnics, 2022, 145.

[203] Wang Yonghong, Sang Songkui, Zhang MingYi, et al. Laboratory study on pile jacking resistance of
jacked pile[J]. Soil Dynamics and Earthquake Engineering, 2022, 154.

[204] Wang Yonghong, Sang Songkui, Zhang Mingyi, et al. Field test of earth pressure at pile-soil interface
by single pile penetration in silty soil and silty clay[J]. Soil Dynamics and Earthquake Engineering,
2021, 145.

[205] 张明义,刘雪颖,王永洪,等.粉土及粉质黏土对静压沉桩桩端阻力影响机制现场试验 [J].吉林大学学报（地
球科学版）,2020,50(6):1804-1813.

[206] 王海刚,白晓宇,张明义,等.静压桩沉桩阻力现场试验与数值模拟分析 [J].山东农业大学学报（自然科学版）,
2021,52(1):91-97.

[207] 李镜培,冯策,李林.考虑软黏土流变效应的静压桩长期承载力计算方法 [J].哈尔滨工业大学学报,
2021,53(5):87-94.

[208] 王永洪,张明义,刘雪颖,等.基于桩土界面的静压桩沉桩效应与承载特性室内试验研究 [J].建筑结构学报,
2021,42(10):157-165.

[209] 王永洪,张明义,白晓宇,等.基于光纤光栅传感技术的静压沉桩贯入特性及影响因素研究 [J].岩土力学,
2019,40(12):4801-4812.

[210] 王永洪,张明义,孙绍霞,等.不同直径单桩静压贯入力学特性模型试验研究 [J].土木与环境工程学报（中
英文）,2020,42(1):9-17.

[211] 黄凯,张明义,白晓宇,等.基于单桥静力触探的静压桩沉桩阻力估算方法 [J].土木与环境工程学报（中英文）,
2019,41(1):55-61.

[212] 桑松魁,张明义,白晓宇,等.黏土地基静压桩贯入机制模型试验与数值仿真 [J].广西大学学报（自然科学版）,
2018,43(4):1499-1508.

[213] 张明义,白晓宇,高强,等.黏性土中桩 - 土界面受力机制室内试验研究 [J].岩土力学,2017,38(8):2167-
2174.

[214] 白晓宇,王永洪,张明义,等.基于光电测试技术桩土界面受力特性模型试验 [J].广西大学学报（自然科学版）,
2018,43(3):1177-1182.

图书在版编目（CIP）数据

静压桩沉贯效应及承载性能研究与工程实践 / 白晓宇等著 . —北京：中国建筑工业出版社，2022.8（2023.10重印）
ISBN 978-7-112-27596-0

Ⅰ.①静… Ⅱ.①白… Ⅲ.①静压桩—沉桩—研究 Ⅳ.① TU753.3

中国版本图书馆CIP数据核字（2022）第123651号

静压桩具有振动小、噪声低、能够显示压桩力等优点，而静压桩的研究有助于揭示桩土作用机理和承载力的变化规律，所以备受关注。本书主要在黏性土场地进行桩身安装多种测试传感器的足尺桩试验，实测沉桩阶段和后期复压、静载时的桩身轴力、桩土界面的侧压力以及孔隙水压力，几种测试方法复核印证，可靠度高。采用摩擦学理论，结合实测桩土界面有效侧压力，揭示了桩土摩擦机理。基于离心模型试验原理构造颗粒流数值实验，用数值实验代替室内模型试验，丰富了细观研究手段。研究结果对静压桩沉桩机理、承载力的确定以及桩的数值仿真都有重要意义。合理地利用压桩力推算桩的长期承载力，充分发挥静压桩的优势，具有重要的工程应用价值。

本书可供土木工程相关领域科研与工程人员阅读，也可供高等院校相关专业师生阅读或作为研究生参考资料使用。

责任编辑：毕凤鸣　周方圆
责任校对：李美娜

静压桩沉贯效应及承载性能研究与工程实践
白晓宇　张亚妹　张明义　王永洪　闫　楠　著
＊
中国建筑工业出版社出版、发行（北京海淀三里河路9号）
各地新华书店、建筑书店经销
北京海视强森文化传媒有限公司制版
建工社（河北）印刷有限公司印刷
＊
开本：787毫米×1092毫米　1/16　印张：11　字数：175千字
2022年7月第一版　2023年10月第二次印刷
定价：**45.00**元
ISBN 978-7-112-27596-0
　　（39775）